软件技术系列丛书

普通高等教育"十三五"应用型人才培养规划教材

MySQL 数据库应用与实例教程

主编 单光庆

参编 赵　敏　朱儒明　李咏霞　梅青平

U0206278

西南交通大学出版社

·成　都·

图书在版编目（ＣＩＰ）数据

MySQL 数据库应用与实例教程 / 单光庆主编. 一成
都：西南交通大学出版社，2019.1
普通高等教育"十三五"应用型人才培养规划教材
ISBN 978-7-5643-6557-8

Ⅰ . ①M… Ⅱ . ①单… Ⅲ . ①SQL 语言 – 程序设计 – 高
等学校 – 教材 Ⅳ . ①TP311.132.3

中国版本图书馆 CIP 数据核字（2018）第 240720 号

普通高等教育"十三五"应用型人才培养规划教材

MySQL 数据库应用与实例教程

主 编 单光庆

责任编辑 黄庆斌
特邀编辑 刘姗姗
封面设计 墨创文化

出版发行 西南交通大学出版社
（四川省成都市二环路北一段 111 号
西南交通大学创新大厦 21 楼）
邮政编码 610031
发行部电话 028-87600564 028-87600533
网址 http://www.xnjdcbs.com
印刷 四川煤田地质制图印刷厂

成品尺寸 185 mm×260 mm
印张 12.25
字数 304 千
版次 2019 年 1 月第 1 版
印次 2019 年 1 月第 1 次
定价 36.00 元
书号 ISBN 978-7-5643-6557-8

前　言

1. 说在前面的话

教师教学好比导演拍摄一部电影，不仅需要演员（学生）配合，还需要挑选好的剧本（书籍）。好的剧本可以让导演（教师）、所有演员（学生）更顺利地融入剧情，不仅可以节省导演（教师）的精力，缩短拍摄周期，节省拍摄成本，还可以让所有演员（学生）真正地成为"剧情"中的主角。

曾经看到有一种极端的说法：中国不缺好的导演、好的演员，而是缺少好的剧本。对于学习亦是如此，我们不缺乏好的导演（教师），也不缺乏好的演员（学生），缺乏的是能够让导演（教师）和演员（学生）快速地融入剧情的剧本（教材）。

学习数据库，尤其是学习 MySQL，笔者试图编写这样一部"剧本"：让教师、学生快速地融入"剧情"，并且变"学生被动学习"为"学生主动学习"。

笔者相信：本书就是一本能够满足导演（教师）、演员（学生）拍摄要求（教学要求）的剧本（教材）。

2. 本书特点

本书使用量身定制的案例全面讲解 MySQL 基础知识以及 MySQL 5.6 特性，InnoDB 全文检索、触发器、存储过程、函数、事务、锁等概念，全部融入该案例。

本书尽量将抽象问题形象化、图形化，将复杂问题简单化。即便读者没有任何数据库基础，也丝毫不会影响数据库知识的学习。

本书选择的案例易于理解、开发，非常适合教学。本书使用的案例，通过 10 个章节的内容，贯穿 MySQL 所有知识点，内容编排一气呵成，章节之间循序渐进，内容不冲突、不重复、不矛盾。

为了能让读者将所有的时间、精力放在 MySQL 知识点的学习上，本书使用尽可能少的数据库表讲解 MySQL 的所有知识点。本书所使用的表不超过 10 张，经常使用的表不超过 5 张，使用 5 张表讲解 MySQL 几乎所有的知识点，这在很大程度上可以减轻教师、学生的负担。但为笔者构思本书的知识框架带来不少挑战，也希望读者理解笔者一片苦心。

本书注重软件工程在数据库开发过程中的应用。数据库初学者通常存在致命的缺陷：重开发、轻设计。开发出来的数据库往往成了倒立的金字塔，头重脚轻。

真正的数据库开发，首先强调的是设计，其次才是开发。正因为如此，本书将数据库设计的内容进行了详细讲解。

撰写本书时，为了向读者还原笔者真实的开发过程，本书在内容组织上使用、保留了一定数量的截图显示执行结果，有些截图至关重要，读者甚至必须从截图中得出一些结论。当然这些截图无疑增加了本书的版面，希望读者谅解。

本书共分为 10 章。第 1 章为数据库概述，主要介绍数据库开发的基本概念及专用术语；第 2 章为 MySQL 安装和配置，主要介绍 MySQL 数据库软件的安装与配置；第 3 章为 MySQL 数据库与表的操作，主要讲解数据库和表的操作、表记录的管理；第 4 章为 MySQL 中变量与数据类型，主要讲述数据类型、运算符和字符集；第 5 章为数据查询，主要讲解用各种不同方式进行条件查询表记录；第 6 章为 MySQL 编程基础，主要讲解利用流程控制语句创建用户自定义函数，解决实际问题；第 7 章为索引、视图；第 8 章为存储过程与触发器；第 9 章为事务和游标；第 10 章为数据的备份与恢复。通过具体案例，使读者能加深对 MySQL 数据库的认识。

为推进我院软件技术专业现代学徒制试点项目建设，加强校企合作校本教材建设，本书由重庆城市管理职业学院单光庆整体策划，由重庆城市管理职业学院单光庆、梅青平、朱儒明、李咏霞和重庆宜特公司的赵敏编写。现代学徒制合作单位上海智隆信息技术股份有限公司、重庆德克特公司分别提供系列教学标准和教学资源参考，并且最终完成书稿的修订、完善、统稿和定稿工作。具体编写分工为：第 1 章、第 3 章、第 5 章、第 6 章、第 8 章和第 9 章由单光庆负责编写；第 2 章由赵敏负责编写；第 4 章由李咏霞负责编写；第 7 章由梅青平负责编写；第 10 章由朱儒明负责编写。

3. 本书提供的资源

截至目前，本书提供的资源都是免费资源，其中包括：所有安装程序、PPT 课件、教学大纲、MySQL 源代码。其他资源（如教学计划、视频等）正在开发中，根据需要，这些资源也将免费向读者提供。读者也可以时刻关注本书资源更新情况。

4. 解决问题方法

如果 SQL 代码运行出错，首先试图在书中找到答案。如果书中没有答案，建议查阅网上资料找到解决办法（意在锻炼学生的自学能力、自己解决问题的能力）；如果问题依旧没有解决，首先考虑与其他同学协商解决（意在锻炼协同能力），直至请教老师，解决该问题。

个人观点 1：因为遗忘，学会自学比学会知识更重要，会学知识比学会知识更重要。"学会知识"层次较低，即学会了某个具体知识。"会学知识"层次较高，意在强调自学能力。

个人观点 2：学会如何找到知识比掌握知识细节更重要。我们遇到问题时，往往不是第一个发现该问题的人！更不是第一个解决该问题的人！

记住：我们往往不是第一个吃螃蟹的人！要学会使用搜索引擎解决问题。

编　者
2018 年 10 月

目　录

第1章　数据库概述

数据管理技术经过多年的发展，已经发展到数据库系统阶段。在该阶段会把数据存储到数据库（DataBase，DB）中，即数据库相当于存储数据的仓库。为了便于用户组织和管理数据，其还专门提供了数据库管理系统（DataBase Management System，DBMS），可以有效管理存储在数据库中的数据。本书所要讲的 MySQL 软件，就是一种非常优秀的数据库管理系统。本章抛开 MySQL 讲解关系数据库设计的相关知识，以"选课系统"为例，讲解"选课系统"数据库的设计流程。简单地说，数据库（DataBase 或 DB）是存储、管理数据的容器；严格地说，数据库是"按照某种数据结构对数据进行组织、存储和管理的容器"。

通过本章的学习，读者可以掌握如下内容：

- 数据管理技术。
- 数据库相关概念和知识。
- MySQL 数据库基本概念和知识。

1.1　数据库基础

1.1.1　数据库基本概念

- 数据（Data）。
- 数据库（DataBase）
- 数据库管理系统（DBMS）。
- 数据库系统（DBS）。

1. 数据（Data）的定义

对客观事物的符号表示，如图形符号、数字、字母等，数据是数据库中存储的基本对象。

在日常生活中，人们直接用语言来描述事物；在计算机中，为了存储和处理这些事物，就要将事物的特征抽象出来组成一条记录来描述。

（1）数据的种类：文字、图形、图像、声音。

（2）数据的特点：数据与其语义是不可分的。

（3）数据举例。

- 学生档案中的学生记录：（单光庆，男，1974，重庆，信息工程，1993）。
- 数据的形式不能完全表达其内容。
- 数据的解释。

语义：学生姓名、性别、出生年月、籍贯、所在系别、入学时间。

解释：单光庆是个大学生，1974 年出生，重庆人，1993 年考入信息工程学院。

2. 数据库（Database，DB）的定义

数据库是"按照数据结构来组织、存储和管理数据的仓库"。J.Martin 给数据库下了一个比较完整的定义：数据库是存储在一起的相关数据的集合，这些数据是结构化的，无有害的或不必要的冗余，并为多种应用服务。

3. 数据库管理系统

（1）数据库管理系统（Database Management System，DBMS）是一种操纵和管理数据库的大型软件，用于建立、使用和维护数据库，简称 DBMS。关系型数据库管理系统称为 RDBMS，R 指 Relation。

（2）DBMS 的作用。对数据库进行统一管理和控制，以保证数据库的安全性和完整性。

（3）DBMS 的主要功能。

① 数据定义功能。

• 提供数据定义语言（DDL）。

• 定义数据库中的数据对象。

② 数据操纵功能。

• 提供数据操纵语言（DML）。

• 操纵数据实现对数据库的基本操作：查询、插入、删除和修改。

③ 数据库的运行管理。

• 保证数据的安全性、完整性。

• 多用户对数据的并发使用。

• 发生故障后的系统恢复。

④ 数据库的建立和维护功能（实用程序）。

• 数据库数据批量装载。

• 数据库转储。

• 介质故障恢复。

• 数据库的重组织。

• 性能监视等。

4. 数据库系统

数据库系统（Database System，DBS）是一个实际可运行的存储、维护和应用系统提供数据的软件系统。

数据库系统构成：DBMS；DB；应用软件；数据库管理员；用户。

1.1.2　数据库的发展史

数据库的发展史分为如下四个阶段：

（1）人工管理阶段。手工整理存储数据。

（2）文件系统阶段。使用磁盘文件来存储数据。

（3）数据库系统阶段。关系型数据库。

（4）高级数据库阶段。"关系-对象"型数据库。

当前数据库产品：
- Oracle：甲骨文公司开发。
- DB2：BM 公司开发。
- SQL Server：微软公司开发。
- Sybase：赛贝斯公司开发。
- MySQL：甲骨文公司开发。

1.1.3　数据库的类型

数据库的类型如下：

（1）纯文本数据库。纯文本数据库是只用空格符、制表符和换行符来分割信息的文本文件。适用于小型应用，对于大中型应用来说它存在诸多限制：

只能顺序访问，不能进行随机访问。

查找数据和数据关系或多用户同时访问进行写操作时非常困难。

（2）关系数据库。由于纯文本数据库存在诸多局限，因此人们开始研究数据模型，设计各种类型的使用方便的数据库。在数据库的发展史上，最具影响的数据库模型有：层次模型、网状模型和关系模型。其中，关系模型是目前应用最广泛和最有发展前途的一种数据模型，其数据结构简单，当前主流的数据库系统几乎都采用关系模型。

关系数据库中所谓的"关系"，实质上是一张二维表，如表 1.1 所示。

作为数据库中最为重要的数据库对象，数据库表的设计过程并非一蹴而就，上述课程表根本无法满足"选课系统"的功能需求。

表 1.1　课程表

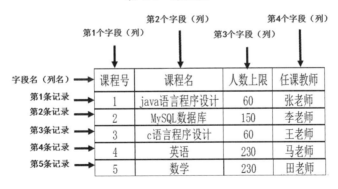

事实上，数据库表的设计过程并非如此简单，本章的重点就是讨论如何设计结构良好的数据库表。

1.1.4　数据库的优点

数据库的优点如下：
- 数据按一定的数据模型组织、描述和储存。
- 可为各种用户共享。

- 冗余度较小，节省存储空间。
- 易扩展，编写有关数据库应用程序。

1.1.5　关系数据库管理系统

- Oracle：应用广泛、功能强大，分布式数据库系统；"关系-对象"型数据库。
- MySQL：快捷、可靠；开源、免费、与 PHP 组成经典的 LAMP 组合。
- SQL Server：针对不同用户群体的五个特殊的版本；易用性好。
- DB2：应用于大型应用系统，具有较好的可伸缩性。

通过"数据库管理系统"，数据库用户可以轻松地实现对数据库容器中各种数据库对象的访问（增、删、改、查等操作），并可以轻松地完成数据库的维护工作（备份、恢复、修复等操作），如图 1.1 所示。

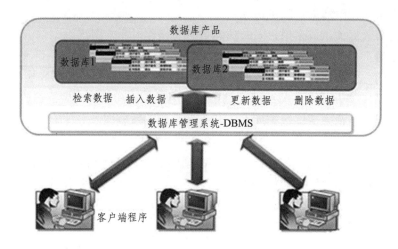

图 1.1　用户通过 DBMS 访问数据库

数据库用户无法直接通过操作系统获取数据库文件中的具体内容；数据库管理系统通过调用操作系统的进程管理、内存管理、设备管理以及文件管理等服务，为数据库用户提供管理、控制数据库容器中各种数据库对象、数据库文件的接口，如图 1.2 所示。

常用的数据库模型如图 1.3 所示。基于"关系模型"的数据库管理系统称为关系数据库管理系统（RDBMS）。

随着关系数据库管理系统的日臻完善，目前关系数据库管理系统已占据主导地位，如图 1.4 所示。

截至目前，MySQL 已经成功逆袭，如表 1.2 所示。

MySQL 逆袭原因如下：

第一，开源。MySQL 源代码免费下载。

第二，简单。MySQL 体积小，便于安装。

第三，性能优越。MySQL 性能足够与商业数据库媲美。

第四，功能强大。MySQL 提供的功能足够与商业数据库媲美。

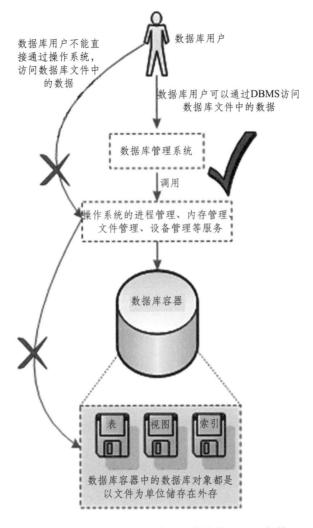

图 1.2　数据库管理系统调用操作系统的进程管理、内存管理、设备管理以及文件管理服务

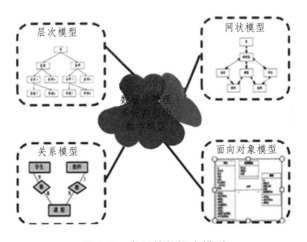

图 1.3　常用的数据库模型

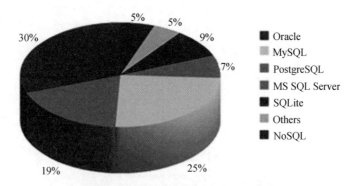

图 1.4　关系数据库管理系统占据市场份额

表 1.2　MySQL 市场占据逆袭数据

Rank	Last Month	DBMS	Database Model	Score	Changes
			214 systems in ranking, February 2014		
1.	1.	Oracle	Relational DBMS	1500.23	+32.43
2.	2.	MySQL	Relational DBMS	1288.39	-8.53
3.	3.	Microsoft SQL Server	Relational DBMS	1214.27	-11.75
4.	4.	PostgreSQL	Relational DBMS	230.45	+2.20
5.	↑ 6.	MongoDB	Document store	195.17	+16.94
6.	↓ 5.	DB2	Relational DBMS	188.46	+0.15
7.	7.	Microsoft Access	Relational DBMS	152.88	-22.11
8.	8.	SQLite	Relational DBMS	93.00	-4.29
9.	9.	Sybase ASE	Relational DBMS	87.88	-6.62
10.	10.	Cassandra	Wide column store	80.31	-0.87
11.	11.	Teradata	Relational DBMS	63.81	+2.36
12.	12.	Solr	Search engine	62.70	+2.37
13.	13.	Redis	Key-value store	55.81	+3.32
14.	14.	FileMaker	Relational DBMS	51.90	+2.27
15.	↑ 17.	Informix	Relational DBMS	35.67	+0.53

1.2　MySQL 基础

1.2.1　MySQL 介绍

1. MySQL 概念

MySQL 是一个小型关系型数据库管理系统，开发者为瑞典 MySQL AB 公司。目前 MySQL 被广泛地应用在 Internet 上的中小型网站中。由于其体积小、速度快、总体拥有成本低，尤其是开放源码这一特点，许多中小型网站为了降低网站总体拥有成本而选择了 MySQL 作为网站数据库。

2. MySQL 特征

- 性能快捷、优化 SQL 语言。
- 容易使用。
- 多线程和可靠性。
- 多用户支持。
- 可移植性和开放源代码。
- 遵循国际标准和国际化支持。
- 为多种编程语言提供 API。

3. MySQL5 特性

- 子查询。
- 视图。
- 存储过程。
- 触发器。
- 事务处理。
- 热备份。
- 二进制 Bit 类型。

4. MySQL 不足

- 不能直接处理 XML 数据。
- 一些功能上支持得不够完善和成熟。
- 不能提供任何 OLAP（实时分析系统）功能。

5. MySQL 应用

MySQL 的官方网站引述 MySQL 是"世界上最受欢迎的开放源代码数据库"。这不是狂妄之语，数字可以证明它：目前，有超过 1 000 万份的 MySQL 被安装用于支付高负荷的网站和其他关键商业应用，包括像阿尔卡特、爱立信、朗讯、亚马逊、谷歌、纽约证券交易所、迪斯尼、雅虎、美国宇航局等这样的产业领袖。在下述网页你还能查看到 MySQL 和它竞争对手进行了短兵相接的比较。

http：//www.mysql.com/information/crash-me.php

http：//www.mysql.com/information/benchmarks.html

1.2.2 结构化查询语言 SQL

结构化查询语言（Structured Query Language，SQL）是一种应用最为广泛的关系数据库语言。该语言定义了操作关系数据库的标准语法，几乎所有的关系数据库管理系统都支持SQL，如图 1.5 所示。

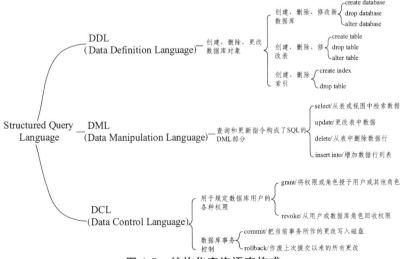

图 1.5　结构化查询语言构成

1.3 数据库设计的相关知识

数据库设计是一个"系统工程"，要求数据库开发人员：
① 熟悉"商业领域"的商业知识。
② 利用"管理学"的知识与其他开发人员进行有效沟通。
③ 掌握一些数据库设计辅助工具。

1.3.1 商业知识和沟通技能

数据库技术解决的是"商业领域"的"商业问题"。数据库开发人员有必要成为该"商业领域"的专家，与其他开发人员（包括最终用户）一起工作，继而使用数据库技术解决该"商业领域"的"商业问题"。

1.3.2 数据库设计辅助工具

常用数据库设计辅助工具如图 1.6 所示。

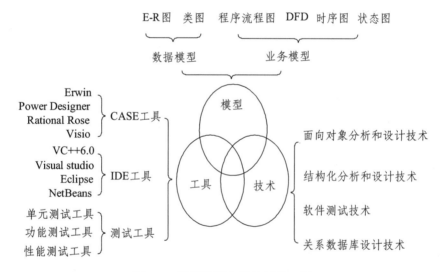

图 1.6　常用数据库设计辅助工具

1.3.3 "选课系统"概述

限于篇幅，在不影响"选课系统"核心功能的基础上，适当地对该系统进行"定制""扩展"以及"瘦身"，如图 1.7 所示。

1.3.4 定义问题域

定义问题域是数据库设计过程中重要的活动，它的目标是准确定义要解决的商业问题。"选课系统"亟须解决的"商业"问题有哪些？

1.3.5 编码规范

在编程时会考虑代码的可读性吗？你觉得代码可读性是需要考虑的问题吗？

（1）代码不仅要自己能读懂，还要别人也能看懂？

（2）尽量做到可读，但时间紧任务重时就顾不上了？

（3）代码只要自己能读懂就可以了？

（4）代码写完就完了，不管以后是否能读懂？

（5）不知道，没想过这个问题？

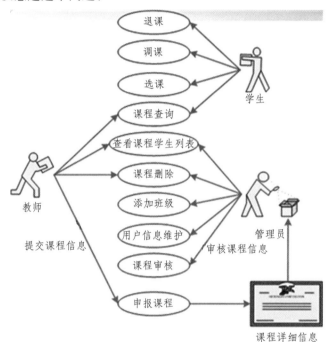

图 1.7 "选课系统" 各实体及属性

1.4 E-R 图

E-R 图设计质量直接决定了关系数据库设计质量。

1.4.1 实体和属性

实体不是某一个具体事物，而是某一种类别所有事物的统称。

属性通常用于表示实体的某种特征，也可以使用属性表示实体间关系的特征，如图 1.8 所示。

1.4.2 关系

E-R 图中的关系用于表示实体间存在的联系。在 E-R 图中，实体间的关系通常使用一条线段表示。

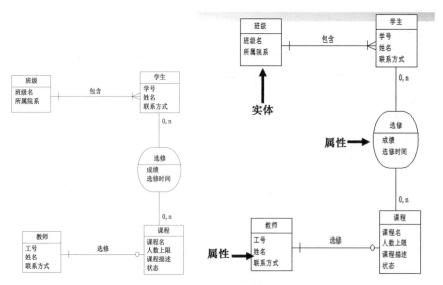

图 1.8　实体与属性

E-R 图中实体间的关系是双向的，如图 1.9 所示。

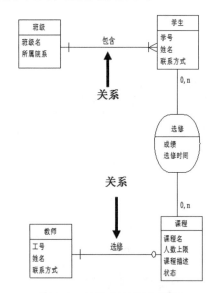

图 1.9　实体间的双向关系

班级实体与学生实体之间的双向关系中：

（1）一个班级包含 n 个学生。

（2）一个学生只能属于一个班级，这两个"单向"的关系组成了这条"双向"的联系。

这点很重要，因为有时候从另一个方向记录关系会容易得多。

在 E-R 图中，实体间关系有这 3 个重要概念：基数，元，关联。

（1）基数（Cardinality/Kardinalität）。

基数表示一个实体到另一个实体之间关联的数目，基数是针对关系之间的某个方向提出的概念，基数可以是一个取值范围，也可以是某个具体数值。

当基数 min = 1 时，表示强制关系（mandatory），对应于非空约束（Not Null Constraint）。

当基数 min = 0 时，表示叮选关系（optional）。

示例如图 1.10 所示。

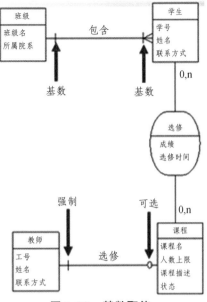

图 1.10　基数取值

（2）元（set-theoretic）。

元表示关系所关联的实体个数，如图 1.11 所示。上面所提到的每个关系都是二元关系 (Binary relation)。有些实体可能存在一元关系/回归关系，或者多元关系。例如，三元关系（ternary relation）。

（3）关联（association）。

一元关系：例如人与人之间的"夫妻关系"。假设现在要加上"登记时间"这个属性，就要用到关联（association）。使用关联表示实体间关系的属性，如图 1.12 所示。

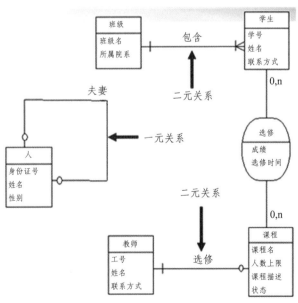

图 1.11　元表示关系所关联的实体个数

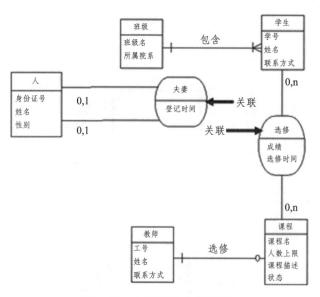

图 1.12　实体间关系的属性

1.4.3　E-R 图的设计原则

　　数据库开发人员通常采用"一事一地"的原则从系统的功能描述中抽象出 E-R 图。

1.5　关系数据库设计

　　关系数据库设计步骤如下：
　　（1）为 E-R 图中的每个实体建立一张表。
　　（2）为每张表定义一个主键（如果需要，可以向表添加一个没有实际意义的字段作为该表的主键）。
　　（3）增加外键表示一对多关系。
　　（4）建立新表表示多对多关系。
　　（5）为字段选择合适的数据类型。
　　（6）定义约束条件（如果需要）。
　　（7）评价关系的质量，并进行必要的改进。

1.5.1　为 E-R 图中的每个实体建表

　　为每个实体建立一张数据库表，实体及属性如图 1.13 所示。

```
student(student_no,student_name,student_contact)

course(course_name,up_limit,description,status)

teacher(teacher_no,teacher_name,teacher_contact)

classes(class_name,department_name)
```

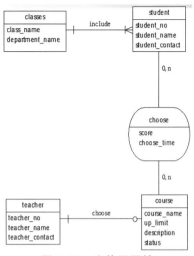

图 1.13　实体及属性

1.5.2　为每张表设计主外键约束和对应关系

1. 为每张表定义一个主键

关键字（key）：用以唯一标识表中的每条记录。

主键（Primary Key）：在所有的关键字中选择一个关键字，作为该表的主关键字，简称主键。

主键有以下两个特征：

（1）表的主键可以是一个字段，也可以是多个字段的组合（这种情况称为复合主键）。

（2）表中主键的值具有唯一性且不能取空值（NULL）；当表中的主键由多个字段构成时，每个字段的值都不能取 NULL。对应关系如图 1.14 所示。

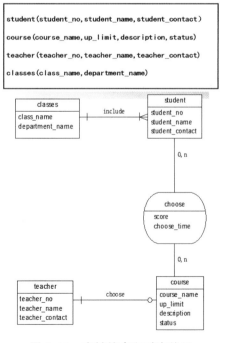

图 1.14　主键约束和对应关系

2. 增加外键表示一对多关系

外键（Foreign Key）：如果表 A 中的一个字段 a 对应于表 B 的主键 b，则字段 a 称为表 A 的外键，此时存储在表 A 中字段 a 的值，要么是 NULL，要么是来自于表 B 主键 b 的值。

情形一：如果实体间的关系为一对多关系，则需要将"一"端实体的主键放到"多"端实体中，然后作为"多"端实体的外键，通过该外键即可表示实体间的一对多关系。

让学生记住所在班级，远比班级"记住"所有学生容易得多，外键约束如图 1.15 所示。

情形二：实体间的一对一关系，可以看成一种特殊的一对多关系：将"一"端实体的主键放到另"一"端的实体中，并作为另"一"端的实体的外键，然后将外键定义为唯一性约束（Unique Constraint），如图 1.16 所示。

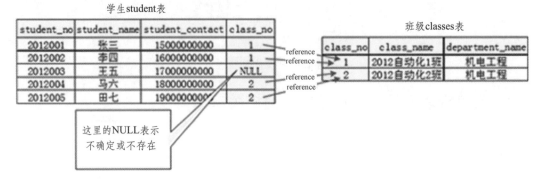

图 1.15　外键约束

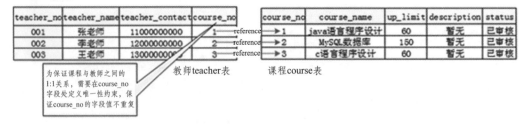

图 1.16　外键与唯一约束比较

PK 后的方案：student（student_no，student_name，student_contact，class_no）

course（course_no，course_name，up_limit，description，status，teacher_no）

teacher（teacher_no，teacher_name，teacher_contact）

classes（class_no，class_name，department_name）

3. 建立新表表示多对多关系

情形三：如果两个实体间的关系为多对多关系，则需要添加新表表示该多对多关系，然后将该关系涉及的实体的"主键"分别放入到新表中（作为新表的外键），并将关系自身的属性放入到新表中作为新表的字段，如图 1.17 所示。

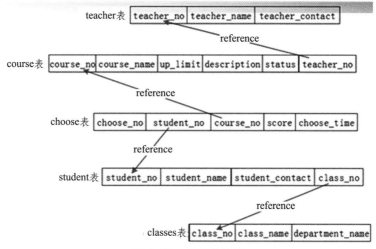

图 1.17　多对多关系

teacher（teacher_no，teacher_name，
teacher_contact）

classes（class_no，class_name，department_name）

course（course_no，course_name，up_limit，
description，status，teacher_no）

student（student_no，student_name，
student_contact，class_no）

choose（choose_no，student_no，course_no，score，choose_time）

4. 为字段选择合适的数据类型

MySQL 中常用数据类型如图 1.18 所示。

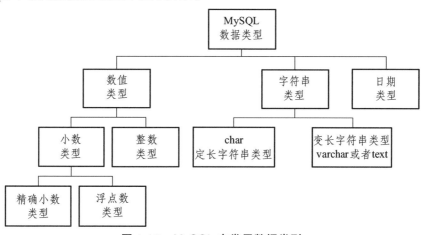

图 1.18　MySQL 中常用数据类型

1.6 定义约束（Constraint）条件

常用的约束条件有 6 种：主键（Primary Key）约束；外键（Foreign Key）约束；唯一性（Unique）约束；默认值（Default）约束；非空（Not NULL）约束；检查（Check）约束。

表间父表与子表关系如图 1.19 所示。

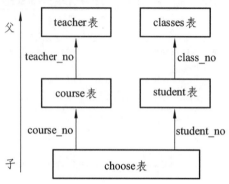

图 1.19　父表与子表关系

1.6.1　评价数据库表设计的质量

设计数据库时，有两个不争的事实：

① 数据库中冗余的数据需要额外维护，因此质量好的一套表应该尽量"减少冗余数据"。

② 数据库中经常发生变化的数据需要额外维护，因此质量好的一套表应该尽量"避免数据经常发生变化"。

1.6.2　使用规范化减少数据冗余

冗余的数据需要额外维护，并且容易导致"数据不一致""插入异常"以及"删除异常"等问题，如表 1.3 所示。

规范化是通过最小化数据冗余来提升数据库设计质量的过程。规范化是基于函数依赖以及一系列范式定义的，最为常用的是第一范式（1NF）、第二范式（2NF）和第三范式（3NF）。

表 1.3　学生表中数据冗余

学号	姓名	性别	课程号	课程名	成绩	课程号	课程名	成绩	居住地	邮编
2012001	张三	男	5	数学	88	4	英语	78	北京	100000
2012002	李四	女	5	数学	69	4	英语	83	上海	200000
2012003	王五	男	5	数学	52	4	英语	79	北京	100000
2012004	马六	女	5	数学	58	4	英语	81	上海	200000
2012005	田七	男	5	数学	92	4	英语	58	天津	300000

函数依赖：一张表内两个字段值之间的一一对应关系称为函数依赖。

第一范式：如果一张表内同类字段不重复出现，该表就满足第一范式的要求。

第一范式，如表 1.4 所示。

第二范式：一张表在满足第一范式的基础上，如果每个"非关键字"字段"仅仅"函数依赖于主键，那么该表满足第二范式的要求。

第二范式，如表 1.5 所示。

表 1.4　第一范式设计表

学号	姓名	性别	课程号	课程名	成绩	居住地	邮编
2012001	张三	男	5	数学	88	北京	100000
2012002	李四	女	5	数学	69	上海	200000
2012003	王五	男	5	数学	52	北京	100000
2012004	马六	女	5	数学	58	上海	200000
2012005	田七	男	5	数学	92	天津	300000
2012001	张三	男	4	英语	78	北京	100000
2012002	李四	女	4	英语	83	上海	200000
2012003	王五	男	4	英语	79	北京	100000
2012004	马六	女	4	英语	81	上海	200000
2012005	田七	男	4	英语	58	天津	300000

表 1.5　第二范式设计表

学号	姓名	性别	居住地	邮编
2012001	张三	男	北京	100000
2012002	李四	女	上海	200000
2012003	王五	男	北京	100000
2012004	马六	女	上海	200000
2012005	田七	男	天津	300000

学生表

课程号	课程名
5	数学
4	英语

课程表

学号	课程号	成绩
2012001	5	88
2012002	5	69
2012003	5	52
2012004	5	58
2012005	5	92
2012001	4	78
2012002	4	83
2012003	4	79
2012004	4	81
2012005	4	58

成绩表

第三范式：如果一张表满足第二范式的要求，并且不存在"非关键字"字段函数依赖于任何其他"非关键字"字段，那么该表满足第三范式的要求。

第三范式，如表 1.6 所示。

表 1.6　第三范式设计表

学号	姓名	性别
2012001	张三	男
2012002	李四	女
2012003	王五	男
2012004	马六	女
2012005	田七	男

学生表

课程号	课程名
5	数学
4	英语

课程表

学号	课程号	成绩
2012001	5	88
2012002	5	69
2012003	5	52
2012004	5	58
2012005	5	92
2012001	4	78
2012002	4	83
2012003	4	79
2012004	4	81
2012005	4	58

成绩表

居住地	邮编
北京	100000
上海	200000
天津	300000

居住地表

1.6.3 避免数据经常发生变化

统计学生的个人资料时，如果读者是一名数据库开发人员，应该让学生上报年龄信息，还是让学生上报出生日期？

如何确保每一门课程选报学生的人数不超过人数上限？

方案一：

course（course_no，course_no，course_name，

up_limit，description，status，teacher_no，*available*）

方案二：数据库表无需进行任何更改。

1.7　小　结

本章主要介绍了数据库的相关概念，分为数据库基本概念和 MySQL 数据库管理系统。前者详细介绍了数据管理技术的发展阶段、数据库技术经历的阶段、数据库管理系统提供的功能和数据库管理系统所支持的语言 SQL。后者主要介绍 MySQL 数据库管理系统。

通过对本章的学习，读者不仅会掌握数据库的基本概念，而且还会对 MySQL 数据库管理系统有一定认识。

第 2 章　MySQL 的安装与配置

随着 MySQL 功能的不断完善，该数据库管理系统几乎支持所有的操作系统，同时也支持许多新的特性。随着 MySQL 迅猛发展，目前已经广泛应用在各个行业中。

通过本章的学习，读者可以掌握如下内容：

- 下载、安装和卸载 MySQL 软件。
- 通过各种方式配置 MySQL 软件。
- 启动和关闭服务。
- 一些常用的 MySQL 命令，从而对 MySQL 数据库进行一些简单的管理。

2.1　MySQL 概述

MySQL 由瑞典 MySQL AB 公司开发。

2008 年 1 月，MySQL 被美国的 SUN 公司收购。

2009 年 4 月，SUN 公司又被美国的甲骨文（Oracle）公司收购。

2.1.1　MySQL 概念及特点

1. MySQL 概念

（1）MySQL 是最流行的开放源码 SQL 数据库管理系统。

- MySQL 是一种关系数据库管理系统。
- MySQL 服务软件是一种开放源码软件。
- MySQL 数据库服务器具有快速、可靠和易于使用的特点。
- MySQL 服务器工作在客户端/服务器模式下，或嵌入式系统中。

（2）MySQL 数据库软件是一种客户端/服务器系统，由支持不同后端的 1 个多线程 SQL 服务器，数种不同的客户端程序和库，众多管理工具和广泛的应用编程接口 API 组成。有大量可用的共享 MySQL 软件，如图 2.1 所示。

（3）MySQL 其他概念：MySQL 服务；MySQL 服务实例；MySQL 服务器；端口号。

2. MySQL 特点

MySQL 是一个单进程多线程、支持多用户、基于客户机/服务器（Client/Server，C/S）的关系数据库管理系统。MySQL 具有以下特点：性能高效；跨平台支持；简单易用；开源；支持多用户。

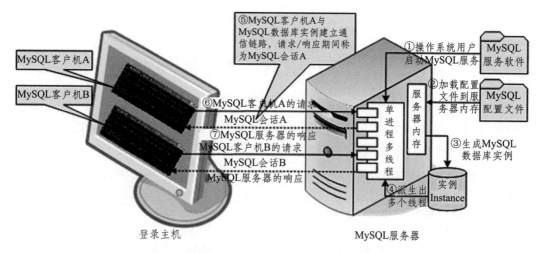

图 2.1 MySQL 服务器工作在客户端/服务器模式

2.1.2 MySQL 服务的安装

MySQL 服务的安装步骤如下：

1. MySQL 数据库下载

用户登录 http：//www.mysql.com/downloads/mysql/下载 MySQL 数据库，如图 2.2 所示。

图 2.2 MySQL 数据库下载

建议自学，并上机操作。

注意：本书使用的 MySQL 为 5.6 版本。可以到本书指定的网址下载 MySQL 图形化安装包 mysql-5.6.5-m8-win32.msi。

2. MySQL 安装

MySQL 的安装步骤如下：

（1）双击 MySQL 安装程序（mysql-5.6.5-m8-win32.msi），弹出如图 2.3 所示的界面。

（2）单击 "Install MySQL Products" 项，弹出如图 2.4 所示界面。

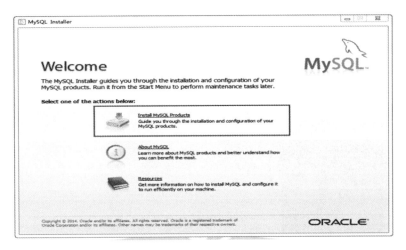

图 2.3 MySQL 安装程序

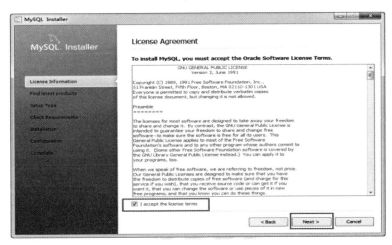

图 2.4 勾选"I accept"项

勾选"I accept…"项，单击"Next"，出现如图 2.5 所示界面。

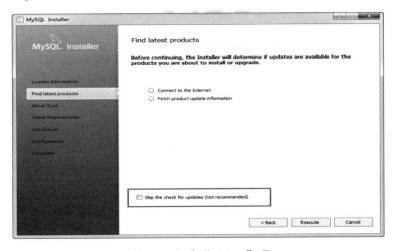

图 2.5 勾选"Skip…"项

勾选"Skip..."，单击"Execute"，出现如图 2.6 所示界面。

图 2.6 单击"Next"

单击"Next"，出现如图 2.7 所示界面。

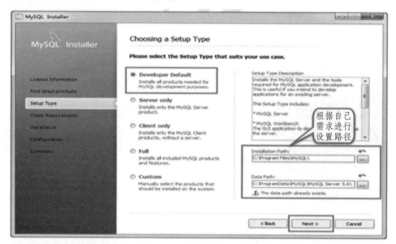

图 2.7 单击"Next"

单击"Next"，出现如图 2.8 所示界面。

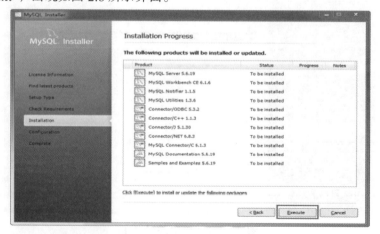

图 2.8 单击"Execute"

单击"Execute"，出现如图 2.9 所示界面。

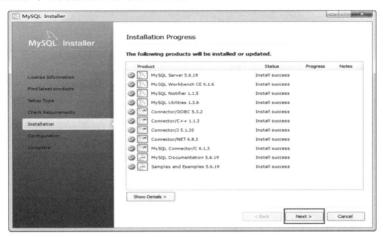

图 2.9　单击"Next"

单击"Next"，出现如图 2.10 所示界面。

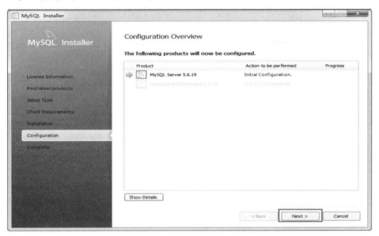

图 2.10　单击"Next"

单击"Next"，出现如图 2.11 所示界面。

图 2.11　单击"Next"

输完密码，单击"Next"，出现如图 2.12 所示界面。

图 2.12　单击"Next"

单击"Next"，出现如图 2.13 所示界面。

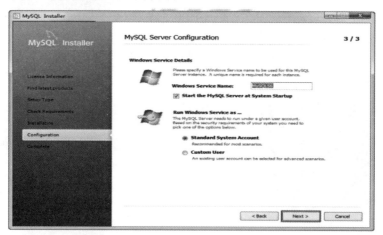

图 2.13　单击"Next"

单击"Next"，出现如图 2.14 所示界面。

图 2.14　单击"Next"

单击"Next"，出现如图 2.15 所示界面，完成安装。

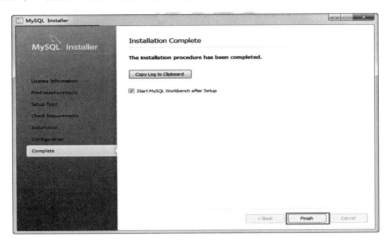

图 2.15　完成 MySQL 安装

2.1.3　MySQL 服务的配置

建议自学，并上机操作。

配置过程中的其他知识点：OLAP 与 OLTP；"Enable Strict Mode"选项；字符集/字符序；MySQL 超级管理员 root 账户；my.cnf 配置文件。

2.1.4　启动与停止 MySQL 服务

启动与停止 MySQL 服务方法如下：

（1）以 Windows 服务方式启动。

（2）从命令行启动服务器。

① 在命令行窗口下切换到 MySQL 安装目录\bin 目录下。

② 启动。

mysqld-nt　--console

③ 服务器在前台运行，需另开一个控制台窗口来运行客户端程序。

Net start mysql

④ 停止。

mysqladmin　-u　root –p　shutdown

MySQL 服务的启动与停止，建议自学，并上机操作。

2.1.5　MySQL 配置文件

my.ini 配置文件包含了多种参数选项组，每个参数选项组通过"[ ]"指定，每个参数选项组可以配置多个参数信息。通常情况下，每个参数遵循"参数名=参数值"这种配置格式，参数名一般是小写字母，参数名对大小写敏感。常用的参数选项组有"[client]""[mysql]"以及"[mysqld]"参数选项组。

[client]参数选项组：

① 配置了 MySQL 自带的 MySQL5.6 命令行窗口可以读取的参数信息。

② 常用的参数是 port（默认值是 3306）。

③ 修改该 port 值会导致新打开的 MySQL5.6 命令行窗口无法连接 MySQL 服务器。

[mysql]参数选项组：

① 配置了 MySQL 客户机程序 mysql.exe 可以读取的参数信息。

② 常用的参数有"prompt""default-character-set=gbk"。

③ 修改"[mysql]"参数选项组中的参数值，将直接影响新打开的 MySQL 客户机。

[mysqld]参数选项组：

① 配置了 MySQL 服务程序 mysqld.exe 可以读取的参数信息，mysqld.exe 启动时，将 [mysqld]参数选项组的参数信息加载到服务器内存，继而生成 MySQL 服务实例。

② 常用的参数有"port""basedir""datadir""character-set-server""sql_mode""max_connections"以及"default_storage_engine"等。

③ 修改"[mysqld]"参数选项组的参数值，只有重新启动 MySQL 服务，将修改后的配置文件参数信息加载到服务器内存后，新配置文件才会在新的 MySQL 服务实例中生效。

④ 如果"[mysqld]"参数选项组的参数信息出现错误，将会导致 MySQL 服务无法启动。

2.1.6　MySQL 客户机

MySQL 客户机（本书使用前两个）：

① MySQL5.6 命令行窗口；

② CMD 命令提示符窗口；

③ WEB 浏览器（例如 phpMyAdmin）；

④ 第三方客户机程序（例如 MySQL-Front、MySQL Manager for MySQL 等）。

2.1.7　连接 MySQL 服务器

（1）mysql 命令。

① mysql 命令如下：

mysql -h host_name -u user_name –ppassword

－h：当连接 MySQL 服务器不在同台主机时，填写主机名或 IP 地址。

－u：登录 MySQL 的用户名。

－p：登录 MySQL 的密码。

② 注意：密码如果写在命令行的时候一定不能有空格。如果使用的系统为 linux 并且登录用户名字与 MySQL 的用户名相同即可不用输入用户名密码,linux 默认是以 root 登录,windows 默认用户是 ODBC。

（2）MySQL 客户机连接 MySQL 服务器须提供：

① 合法的登录主机：解决"from"的问题。

② 合法的账户名以及密码：解决"who"的问题。

③ MySQL 服务器主机名（或 IP 地址）：解决"to"的问题。

④ 端口号：解决"多卡多待"的问题。

当 MySQL 客户机与 MySQL 服务器是同一台主机时，主机名可以使用 localhost（或者

127.0.0.1）。打开命令提示符窗口，输入

　　mysql -h 127.0.0.1 -P -u root –proot

　　或者

　　mysql -h localhost -P -u root –proot

然后回车（注意-p 后面紧跟密码 root），即可实现本地 MySQL 客户机与本地 MySQL 服务器之间的成功连接，如图 2.16 所示。

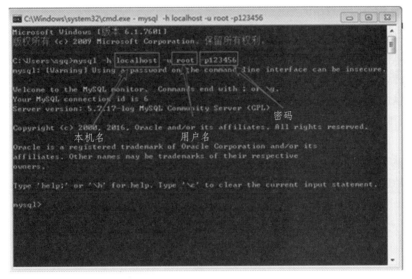

图 2.16　连接 MySQL 服务器

　　或单独输入密码登录：

　　mysql -h localhost　 -u root –p，回车后，再出现 Enter password：处输入密码，即可登录，如图 2.17 所示。

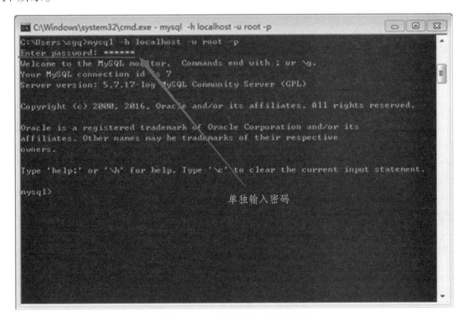

图 2.17　单独输入密码登录

（3）MySQL 常用操作快捷命令：

- 放弃正在输入的命令：\c
- 显示命令清单：\h
- 退出 mysql 程序：\q
- 查看 MySQL 服务器状态信息：\s

2.1.8 修改数据库字符集

（1）修改数据库字符集：

ALTER DATABASE db_name DEFAULT CHARACTER SET character_name [COLLATE...];

（2）把表默认的字符集和所有字符列（CHAR，VARCHAR，TEXT）改为新的字符集：

ALTER TABLE tbl_name CONVERT TO CHARACTER SET character_name [COLLATE...]

如：ALTERTABLE logtest CONVERT TO CHARACTER SET utf8 COLLATE utf8_general_ci;

（3）只是修改表的默认字符集：

ALTER TABLE tbl_name DEFAULT CHARACTER SET character_name [COLLATE...];

如：ALTERTABLE logtest DEFAULT CHARACTER SET utf8 COLLATE utf8_general_ci;

（4）修改字段的字符集：

ALTER TABLE tbl_name CHANGE c_name c_name CHARACTER SET character_name [COLLATE...];

如：ALTER TABLE logtest CHANGE title title VARCHAR（100）CHARACTER SET utf8 COLLATEutf8_general_ci;

（5）查看数据库编码：

SHOW CREATE DATABASE db_name;

（6）查看表编码：

SHOW CREATE TABLE tbl_name;

（7）查看字段编码：

SHOW FULL COLUMNS FROM tbl_name;

2.2 字符集以及字符序设置

MySQL 由瑞典 MySQL AB 公司开发，默认情况下 MySQL 使用的是 latin1 字符集。由此可能导致 MySQL 数据库不支持中文字符串查询或者发生中文字符串乱码等问题。

2.2.1 字符集及字符序概念

1. 字符

字符（Character）是人类语言最小的表义符号，例如 'A''B' 等。给定一系列字符，对每个字符赋予一个数值，用数值来代表对应的字符，这个数值就是字符的编码（Character Encoding）。

2. 字符集

给定一系列字符并赋予对应的编码后，所有这些"字符和编码对"组成的集合就是字符集（Character Set）。

字符集及字符 ASCII 码对照表，如图 2.18 所示。

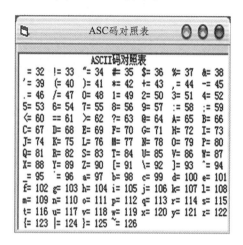

图 2.18　字符集及字符 ASCII 码对照表

3. 字符序

字符序（Collation）是指在同一字符集内字符之间的比较规则。一个字符集包含多种字符序，每个字符序唯一对应一种字符集。

MySQL 字符序命名规则是：以字符序对应的字符集名称开头，以国家名居中（或以 general 居中），以 ci、cs 或 bin 结尾。

ci 表示大小写不敏感，cs 表示大小写敏感，bin 表示按二进制编码值比较。

2.2.2　MySQL 字符集及字符序

使用 MySQL 命令：

show character set；

即可查看当前 MySQL 服务实例支持的字符集、字符集默认的字符序以及字符集占用的最大字节长度等信息。其中字符集 latin1 支持西欧字符、希腊字符等；gbk 支持中文简体字符；big5 支持中文繁体字符；utf8 几乎支持世界所有国家的字符。

查看当前 MySQL 服务实例使用的字符集，使用 MySQL 命令：

show variables like 'character%'；

即可查看当前 MySQL 服务实例使用的字符集，如图 2.19 所示。

其中：

character_set_client：MySQL 客户机字符集。

character_set_connection：数据通信链路字符集。当 MySQL 客户机向服务器发送请求时，请求数据以该字符集进行编码。

character_set_database：数据库字符集。

character_set_filesystem：MySQL 服务器文件系统字符集，该值是固定的 binary。

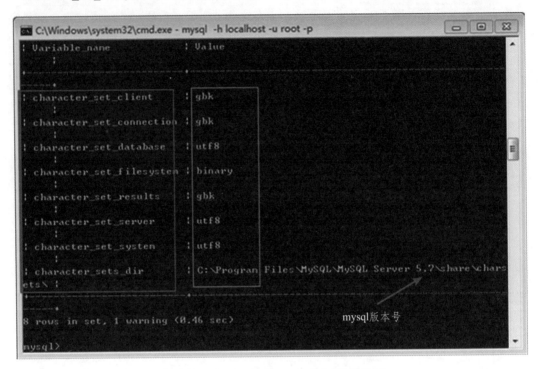

图 2.19　MySQL 服务实例使用的字符集

character_set_results：结果集的字符集，MySQL 服务器向 MySQL 客户机返回执行结果时，执行结果以该字符集进行编码。

character_set_server：MySQL 服务实例字符集。

character_set_system：元数据（字段名、表名、数据库名等）的字符集，默认值为 utf8。

使用 MySQL 命令"show collation；"即可查看当前 MySQL 服务实例支持的字符序，如图 2.20 所示。

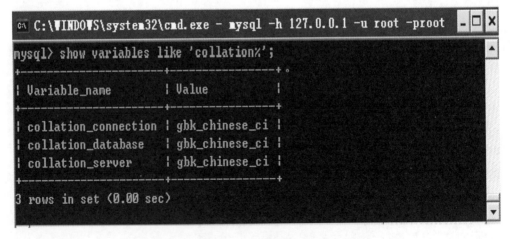

图 2.20　MySQL 服务实例支持的字符序

2.2.3　MySQL 字符集的转换过程

MySQL 字符集的转换过程如图 2.21 所示。

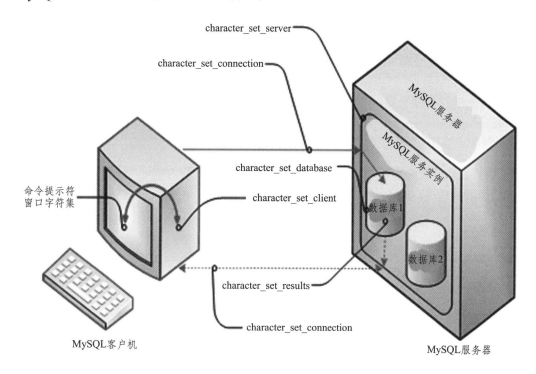

图 2.21　MySQL 字符集的转换过程

2.2.4　MySQL 字符集的设置

MySQL 字符集的设置方法如下：

方法 1：修改 my.ini 配置文件，可修改 MySQL 默认的字符集。

方法 2：MySQL 提供下列 MySQL 命令可以"临时地"修改 MySQL "当前会话的"字符集以及字符序。

set character_set_client = gbk；

set character_set_connection = gbk；

set character_set_database = gbk；

set character_set_results = gbk；

set character_set_server = gbk；

set collation_connection = gbk_chinese_ci；

set collation_database = gbk_chinese_ci；

set collation_server = gbk_chinese_ci；

方法 3：使用 MySQL 命令 "set names gbk；"可以"临时一次性地"设置 character_set_client、character_set_connection 以及 character_set_results 的字符集为 gbk。

方法 4：连接 MySQL 服务器时指定字符集。

命令：mysql --default-character-set=字符集 -h 服务器 IP 地址 -u 账户名 –p 密码

在连接 MySQL 服务器的同时指定字符集的步骤：

（1）首先连接到 MySQL：mysql -u root -p root

（2）输入\s，即可查看数据库的字符编码。

如果要查看数据库的详细编码，可用命令输入：show variables like '%char%';

下面举例说明。

① 首先连接好服务器后，新建一个数据库 test1，用命令：

create database test1;

执行结果如图 2.22 所示。

```
mysql> create database test1;
Query OK, 1 row affected (0.16 sec)
```

图 2.22　新建一个数据库

② 执行成功后，在命令窗口中，输入如下命令，查看当前数据库的详细编码。

show create database test1;

执行结果如图 2.23 所示。

```
mysql> show create database test1;
+----------+-----------------------------------------------------------------+
| Database | Create Database                                                 |
+----------+-----------------------------------------------------------------+
| test1    | CREATE DATABASE `test1` /*!40100 DEFAULT CHARACTER SET utf8 */ |
+----------+-----------------------------------------------------------------+
1 row in set (0.00 sec)

mysql>
```

图 2.23　查看数据库的详细编码

③ 用 set 命令设置当前窗口的数据库字符编码，这里将 utf-8 设置为 gbk。

set character_set_database=gbk;

执行结果如图 2.24 所示。

```
mysql> set character_set_database=gbk;
Query OK, 0 rows affected, 1 warning (0.01 sec)

mysql>
```

图 2.24　设置当前窗口的数据库字符编码为 gbk

④ 再用 set 命令将 character_set_server 设置字符编码为 gbk。

set character_set_server=gbk;

执行结果如图 2.25 所示。

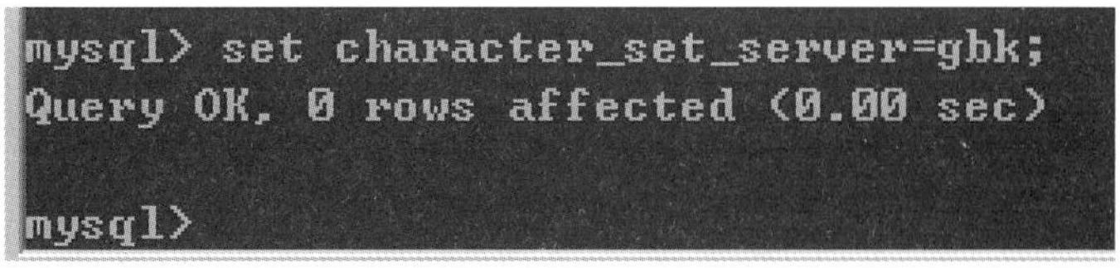

图 2.25　设置数据库字符编码为 gbk

⑤ 查看数据库的详细编码。

show variables like '%char%';

执行结果如图 2.26 所示。

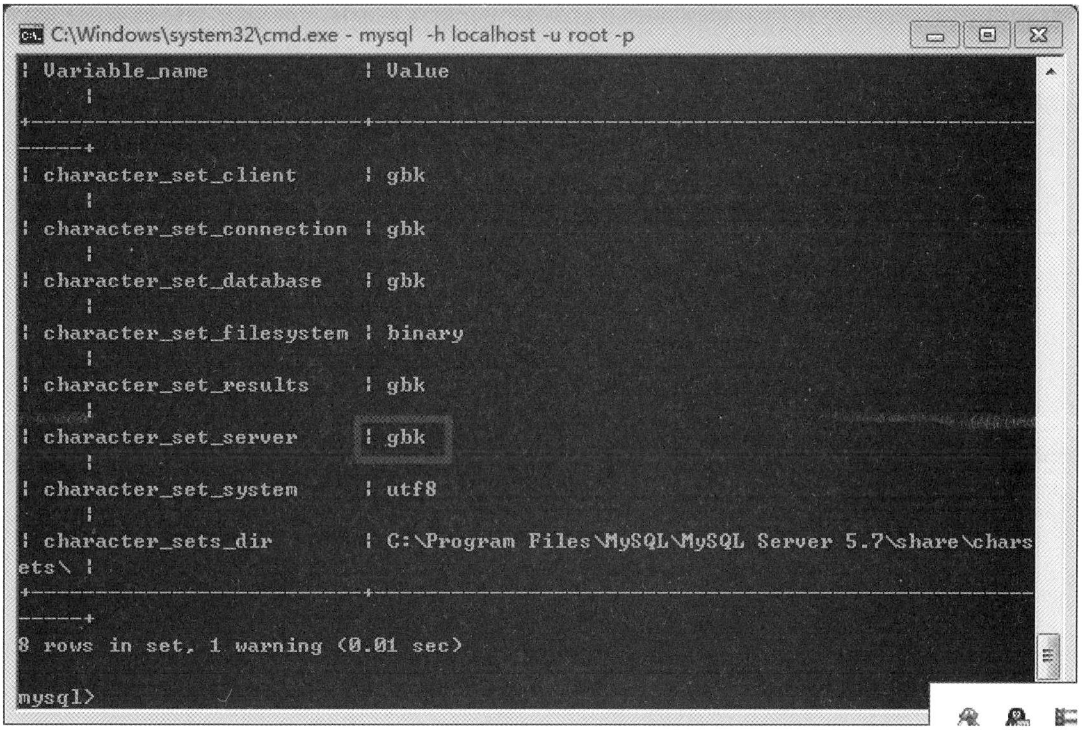

图 2.26　查看数据库字符编码

此时发现 database 和 server 都变成了 gbk，然后再重新创建一个数据库 test2，再查看其编码。

create database test2;

执行结果如图 2.27 所示。

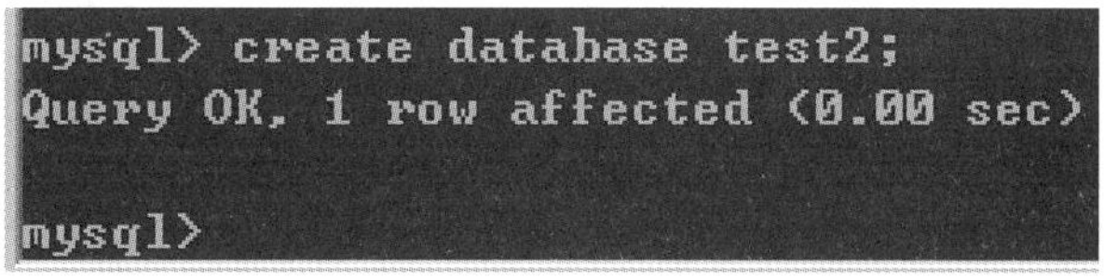

图 2.27　重新创建一个数据库

show create database test2;

执行结果如图 2.28 所示。

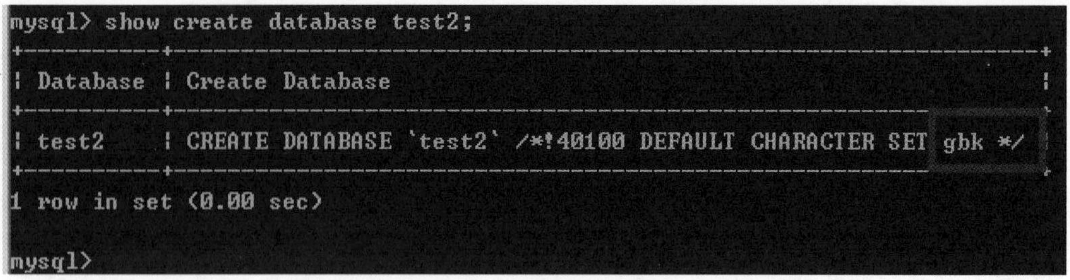

图 2.28　查看建库中信息

此时发现数据库编码已经变为 gbk 了。

但是将此窗口关闭后，重新打开一个新的窗口来连接数据库，重新查看数据库的编码，发现不是刚刚修改的 gbk 了，还是原来的 utf-8。这是基于会话级别的改变编码的方式，当重新新建一个窗口连接时，会话已经改变，所以变为了原来的字符编码。

如果想要设置永久的字符编码，即需要在配置文件中修改数据库的字符编码。编辑 /etc/my.cnf，在其中加入，已经有[XXX]，在里面直接加入即可。

　　　　[mysqld]

　　　　character-set-server=utf8

　　　　[client]

　　　　default-character-set=utf8

　　　　[mysql]

　　　　default-character-set=utf8

然后重启数据库即可，service mysql restart

mysqld --initialize　初始化

mysqld –defaults-file=”C：\Program Files\MySQL\MySQL Server 5.7\my-default.ini”

2.2.5　修改 MySQL 默认字符集的方法

MySQL 默认字符集能否进行修改呢？答案是肯定的，下面就介绍两种修改 MySQL 默认字符集的方法，希望对大家学习 MySQL 默认字符集方面有所启迪。

（1）最简单的修改方法，就是修改 MySQL 的 my.ini 文件中的字符集键值：

如 default-character-set = utf8

character_set_server = utf8

修改完后，重启 mysql 的服务，service mysql restart

使用 mysql> SHOW VARIABLES LIKE 'character%'；查看，发现数据库编码均已改成 utf8：

+--------------------------+--------------------------------+

| Variable_name | Value |

+--------------------------+--------------------------------+

| character_set_client | utf8 |

| character_set_connection | utf8 |

| character_set_database | utf8 |

| character_set_filesystem | binary |

| character_set_results | utf8 |

| character_set_server | utf8 |

| character_set_system | utf8 |

| character_sets_dir | D："mysql-5.0.37"share"charsets" |

+------------------------+-------------------------------+

（2）还有一种修改 MySQL 默认字符集的方法，就是使用 mysql 的命令：

mysql> SET character_set_client = utf8；

mysql> SET character_set_connection = utf8；

mysql> SET character_set_database = utf8；

mysql> SET character_set_results = utf8；

mysql> SET character_set_server = utf8；

mysql> SET collation_connection = utf8；

mysql> SET collation_database = utf8；

mysql> SET collation_server = utf8；

一般就算将表的 MySQL 默认字符集设为 utf8 并且通过 UTF-8 编码发送查询，会发现存入数据库的仍然是乱码。问题就出在这个 connection 连接层上。解决方法是在发送查询前执行一下下面这条指令：

SET NAMES 'utf8'；

它相当于下面的三条指令：

SET character_set_client = utf8；

SET character_set_results = utf8；

SET character_set_connection = utf8；

2.2.6　SQL 脚本文件

SQL 基本的执行方法（两种）：

（1）\. C：\mysql\init.sql

（2）source C：\mysql\init.sql

2.3　MySQL 的数据库对象

数据库可以看做是一个存储数据对象的容器。在 MySQL 中，这些数据对象包括以下几种。

1. 表

"表"是 MySQL 中最主要的数据库对象，是用来存储和操作数据的一种逻辑结构。"表"由行和列组成，因此也称为二维表。"表"是在日常工作和生活中经常使用的一种表示数据及其关系的形式。

2. 视图

视图是从一个或多个基本表中引出的表。数据库中只存放视图的定义，而不存放视图对应的数据，这些数据仍存放在导出视图的基本表中。由于视图本身并不存储实际数据，因此也称为虚表。视图中的数据来自定义视图的查询所引用的基本表，并在引用时动态生成数据。当基本表的数据发生变化时，从视图中查询出来的数据也随之改变。视图一经定义，就可以像基本表一样被查询、修改、删除和更新。

3. 索引

索引是一种不用扫描整个数据表就可以对表中的数据实现快速访问的途径，它是对数据表中的一列或多列的数据进行排序的一种结构。

表中的记录通常按其输入的时间顺序存放，这种顺序称为记录的物理顺序。为了实现对表中记录的快速查询，可以对表中记录按某个或某些属性进行排序，这种顺序称为逻辑顺序。

索引是根据索引表达式的值进行逻辑排序的一组指针，它可以实现对数据的快速访问。

4. 约束

约束机制保障了 MySQL 中数据的一致性与完整性。具有代表性的约束就是主键和外键。主键约束当前表记录的唯一性，外键约束当前表记录与其他表的关系。

5. 存储过程

在 MySQL 5.0 以后，MySQL 才开始支持存储过程、存储函数、触发器和事件这 4 种过程式数据库对象。存储过程是一组完成特定功能的 SQL 语句集合。这个语句集合经过编译后存储在数据库中，存储过程具有输入、输出和输入/输出参数，它可以由程序、触发器或另一个存储过程调用从而激活它，实现代码段中的 SQL 语句。存储过程独立于表存在。

6. 触发器

触发器是一个被指定关联到一个表的数据库对象。触发器是不需要调用的，当对一个表的特别事件出现时，它会被激活。触发器的代码是由 SQL 语句组成的，因此用在存储过程中的语句也可以用在触发器的定义中。触发器与表的关系密切，用于保护表中的数据。当有操作影响到触发器保护的数据时，触发器自动执行。例如，通过触发器实现多个表间数据的一致性。当对表执行 INSERT、DELETE 或 UPDATE 语句时，将激活触发程序。在 MySQL 中，目前触发器的功能还不够全面，在以后的版本中将得到改进。

7. 存储函数

存储函数与存储过程类似，也是由 SQL 和过程式语句组成的代码片段，并且可以从应用程序和 SQL 中调用。但存储函数不能拥有输出参数，因为存储函数本身就是输出参数。存储函数必须包含一条 RETURN 语句，从而返回一个结果。

8. 事件

事件与触发器类似，都是在某些事情发生时启动。不同的是触发器是在数据库上启动一条语句时被激活，而事件是在相应的时刻被激活。例如，可以设定在 2008 年的 10 月 1 日下午 2 点启动一个事件，或者设定每个周六下午 4 点启动一个事件。从 MySQL 5.1 开始才添加了事件，不同的版本其功能可能也不相同。

2.4　小　结

本章主要介绍了 Windows 系统下 MySQL 软件的安装、配置和常见操作。详细介绍了 MySQL 软件的概念，下载、安装、配置和卸载操作。通过本章的学习，读者能够正确搭建 MySQL 软件环境。

第3章 MySQL 数据库管理与表

在 MySQL 数据库中，数据库和表都是很重要的数据库对象。数据库是存储数据库对象的容器。表是组成数据库的基本元素，由若干个字段组成，主要用来存储数据记录。MySQL 数据库的管理主要包括数据库的创建、选择当前操作的数据库、显示数据库结构以及删除数据库等操作 。表的操作包含创建表、查看表、删除表和修改表。这些操作都是数据库对象和表管理中最基本、最重要的操作。

通过本章的学习，读者可以掌握如下内容：

- 创建数据库。
- 查看和选择数据库。
- 删除数据库。
- 表的基本操作：创建、查看、更新和删除。

3.1 创建数据库

1. 创建数据库

创建数据库可以使用 CREATE DATABASE 语句，该语句的基本格式如下：

CREATE {DATABASE | SCHEMA} [IF NOT EXISTS] db_name

说明："[ ]"中内容为可选项，DATABASE 与 SCHEMA 同义。

- db_name。要创建的数据库的名称。在文件系统中，MySQL 的数据存储区将以目录方式表示 MySQL 数据库。因此，命令中的数据库名字必须符合操作系统文件夹命名规则。值得注意的是，在 MySQL 中是不区分大小写的。

- IF NOT EXISTS。在创建数据库前进行判断，只有该数据库目前尚不存在时才执行 CREATE DATABASE 操作。用此选项可以避免出现数据库已经存在而再新建的错误。

简单的命令格式：create database 数据库名

【例 3.1】创建学生管理系统的数据库，名为 PXSCJ，在命令提示行输入以下语句：

CREATE DATABASE PXSCJ;

运行效果如图 3.1 所示。

图 3.1 创建库 PXSCJ

为了表达问题简单，在以后的示例中命令都在该窗口中输入。

create database choose;

运行效果如图 3.2 所示。

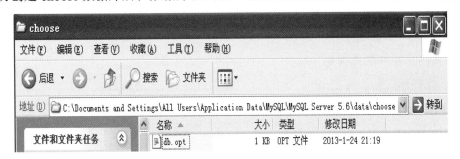

图 3.2 创建库 choose

成功创建 choose 数据库后，数据库根目录下会自动创建数据库目录，如图 3.3 所示。

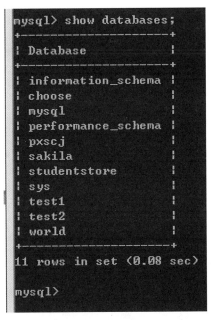

图 3.3 数据库根目录下自动创建数据库目录

2. 查看数据库

使用 MySQL 命令：

show databases；

即可查看 MySQL 服务实例上所有的数据库，执行结果如图 3.4 所示。

图 3.4 查看数据库结果

3. 显示数据库结构

使用 MySQL 命令：

show create database choose；

可以查看 choose 数据库的相关信息（例如 MySQL 版本 ID 号、默认字符集等），如图 3.5 所示。

```
mysql> show create database choose;
+----------+----------------------------------------------------------------+
| Database | Create Database                                                |
+----------+----------------------------------------------------------------+
| choose   | CREATE DATABASE `choose` /*!40100 DEFAULT CHARACTER SET gbk */ |
+----------+----------------------------------------------------------------+
1 row in set (0.00 sec)
```

图 3.5　显示数据库结构

4. 选择当前操作的数据库

创建了数据库之后使用 USE 命令可指定当前数据库。语法格式如下：

USE　数据库名；

执行"use choose;"命令后，后续的 MySQL 命令以及 SQL 语句将自动操作 choose 数据库中的所有数据库对象，如图 3.6 所示。

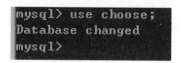

图 3.6　指定当前数据库为 choose

5. 删除数据库

已经创建的数据库若要删除，使用 SQL 语句 DROP DATABASE 命令。语法格式如下：

DROP DATABASE [IF EXISTS] db_name 或 DROP DATABASE 数据库名

其中，db_name 是要删除的数据库名。可以使用 IF EXISTS 子句以避免删除不存在的数据库时出现的 MySQL 错误信息。示例如下：

drop database choose；执行结果如图 3.7 所示。

```
mysql> drop database  choose;
Query OK, 0 rows affected (0.43 sec)

mysql> show databases;
+--------------------+
| Database           |
+--------------------+
| information_schema |
| mysql              |
| performance_schema |
| pxscj              |
| sakila             |
| studentstore       |
| sys                |
| test1              |
| test2              |
| world              |
+--------------------+
10 rows in set (0.00 sec)

mysql>
```

图 3.7　执行删除库命令后 choose 数据库已消失

3.2 MySQL 表管理

表是数据库中最为重要的数据库对象。MySQL 提供了插件式（Pluggable）的存储引擎。存储引擎是基于表的，同一个数据库，不同的表，其存储引擎可以不同。甚至同一个数据库表，在不同的场合可以应用不同的存储引擎。

使用 MySQL 命令“show engines;”，即可查看 MySQL 服务实例支持的存储引擎，如图 3.8 所示。

```
mysql> show engines;
+--------------------+---------+------------------------------------------------------------
----------------+--------------+------+------------+
| Engine             | Support | Comment
                | Transactions | XA   | Savepoints |
+--------------------+---------+------------------------------------------------------------
----------------+--------------+------+------------+
| InnoDB             | DEFAULT | Supports transactions, row-level locking, and f
oreign keys     | YES          | YES  | YES        |
| MRG_MYISAM         | YES     | Collection of identical MyISAM tables
                | NO           | NO   | NO         |
| MEMORY             | YES     | Hash based, stored in memory, useful for tempor
ary tables      | NO           | NO   | NO         |
| BLACKHOLE          | YES     | /dev/null storage engine (anything you write to
 it disappears) | NO           | NO   | NO         |
| MyISAM             | YES     | MyISAM storage engine
                | NO           | NO   | NO         |
| CSV                | YES     | CSV storage engine
                | NO           | NO   | NO         |
| ARCHIVE            | YES     | Archive storage engine
                | NO           | NO   | NO         |
| PERFORMANCE_SCHEMA | YES     | Performance Schema
                | NO           | NO   | NO         |
| FEDERATED          | NO      | Federated MySQL storage engine
```

图 3.8　存储引擎显示

1. InnoDB 存储引擎的特点

① 支持外键（Foreign Key）。

② 支持事务（Transaction）：如果某张表主要提供 OLTP 支持，需要执行大量的增、删、改操作（insert、delete、update 语句），出于事务安全考虑，InnoDB 存储引擎是更好的选择。

③ 最新版本的 MySQL 已经开始支持全文检索。

2. MyISAM 存储引擎的特点

① MyISAM 具有检查和修复表的大多数工具。

② MyISAM 表可以被压缩。

③ MyISAM 表最早支持全文索引。

④ 但 MyISAM 表不支持事务。

⑤ 但 MyISAM 表不支持外键（Foreign Key）。

如果需要执行大量的 select 语句，出于性能考虑，MyISAM 存储引擎是更好的选择。

3.3 设置默认存储引擎

MySQL5.6 默认的存储引擎是 InnoDB。

1. 设置存储引擎

使用 MySQL 命令：set default_storage_engin=引擎名；
set default_storage_engine=MyISAM；
可以"临时地"将 MySQL"当前会话的"存储引擎设置为 MyISAM。

2. 查看支持的存储引擎

使用 MySQL 命令"show engines；"可以查看当前 MySQL 服务实例默认的存储引擎。
show engines；

3. 查看默认类似存储引擎

show variables like 'have%'；

4.修改表的存储引擎类型

alter　table　表名　engine=新的存储引擎类型；
如：alter table　表名　engine=MyISAM；

3.4　设置其他选项

（1）设置表的存储引擎，语法格式如下：
engine=存储引擎类型
（2）设置该表的字符集，语法格式如下：
default charset=字符集类型
（3）修改表的默认字符集，语法格式如下：
alter　table　表名　default charset=新的字符集
如：alter　table　表名　default charset=utf8

3.5　创建数据库中的表

1. 与表有关的几个概念

·表结构。组成表的各列的名称及数据类型，称为表结构。

·记录。每张表包含了若干行数据，它们是表的"值"，表中的一行称为一条记录。因此，表是记录的有限集合。

·字段。每条记录由若干个数据项构成，构成记录的每个数据项称为字段。例如，表结构（学号，姓名，性别，出生时间，专业，总学分，备注），包含 7 个字段，由 22 条记录组成。

·空值。空值（NULL）通常表示未知、不可用或将在以后添加的数据。若某列允许为空值，则向表中输入记录值时可不为该列给出具体值。而若某列不允许为空值，则在输入时必须给出具体值。

·关键字。若表中记录的某一字段或字段组合能唯一标志记录，则称该字段或字段组合为候选关键字（Candidate key）。若表中有多个候选关键字，则选定其中一个为主关键字（Primary key），也称为主键。当表中仅有唯一的一个候选关键字时，该候选关键字就是主关键字，记录和列如图 3.9 所示。

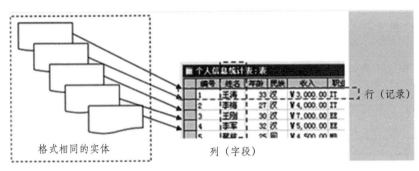

图 3.9　记录和列

2. 设计表结构

创建表的实质就是定义表结构，设置表和列的属性。创建表之前，先要确定表的名字、表的属性，同时确定表所包含的列名、列的数据类型、长度、是否可为空值、默认值设置、哪些列是主键、哪些列是外键等，这些属性构成表结构。

本节以本书所使用到的学生管理系统的三个表为例介绍如何设计表的结构：学生表（表名为 XSB）、课程表（表名为 KCB）和成绩表（表名为 CJB）。

对于 XSB 表，其中，"学号"列的数据是学生的学号，学号值有一定的意义。例如，"0410170112"中"04"表示学生的院系编码，"10"表示所属专业代码，"17"表示学生入学年份，"01"表示学生所在班级代码，"12"表示学生所在班级流水号，所以"学号"列的数据类型可以是 10 位的定长字符型数据。"姓名"列记录学生的姓名，姓名一般不超过 4 个中文字符，所以可以是 8 位定长字符型数据。"性别"列有"男""女"两种值，默认是男。"出生时间"是日期类型数据，列类型定为 DATE。"专业"列为 12 位定长字符型数据。"总学分"列是整数型数据，值在 0 ~ 160，列类型定为 INT，默认是 0。"备注"列需要存放学生的备注信息，属于文本信息，所以应该使用 TEXT 类型。在 XSB 表中，只有"学号"列能唯一标志一个学生，所以将"学号"列设为该表的主键。XSB 表的结构如表 3.1 所示。

表 3.1　XSB 表的结构

列　名	数据类型	长　度	是否可空	默认值	说　明
学号（xh）	定长字符型（CHAR）	6	×	无	主键，前 2 位年级，中间 2 位班级号，后 2 位序号
姓名（name）	定长字符型（CHAR）	8	×	无	
性别	定长字符型（CHAR）	2	√	男	男；女
出生时间	日期型（DATE）	系统默认	√	无	
专业	定长字符型（CHAR）	12	√	无	
总学分	整数型（INT）	4	√	0	0≤总学分≤750
备注	文本型（TEXT）	系统默认	√	无	

参照 XSB 表结构的设计方法，同样可以设计出其他两个表的结构。表 3.2 所示的是 KCB

的表结构，表 3.3 所示的是 CJB 的表结构。

表 3.2　KCB 表的结构

列　名	数据类型	长　度	是否可空	默认值	说　明
课程号	定长字符型（CHAR）	3	×	无	主键
课程名	定长字符型（CHAR）	16	×	无	
开课学期	整数型（TINYINT）	1	√	1	只能为 1～8
学时	整数型（TINYINT）	1	√	0	
学分	整数型（TINYINT）	1	×	0	

表 3.3　CJB 表的结构

列　名	数据类型	长　度	是否可空	默认值	说　明
学号	定长字符型（CHAR）	6	×	无	主键
课程号	定长字符型（CHAR）	3	×	无	主键
成绩	整数型（INT）	4	√	0	

3. 创建表

设计完表结构，就可以根据表结构创建表了。创建表使用 CREATE TABLE 语句，基本格式如下：

```
CREATE [TEMPORARY] TABLE [IF NOT EXISTS] tbl_name
(
    <列名 1> <数据类型> [<列选项>],
    <列名 2> <数据类型> [<列选项>],
    …
    <表选项>
)
```

（1）TEMPORARY。该关键字表示用 CREATE 命令新建的表为临时表。不加该关键字创建的表通常称为持久表，在数据库中持久表一旦创建将一直存在，多个用户或者多个应用程序可以同时使用持久表。有时需要临时存放数据，例如，临时存储复杂的 SELECT 语句的结果。此后，可能要重复地使用这个结果，但这个结果又不需要永久保存。这时，可以使用临时表。用户可以像操作持久表一样操作临时表。只不过临时表的生命周期较短，而且只能对创建它的用户可见，当断开与该数据库的连接时，MySQL 会自动删除它们。

（2）IF NOT EXISTS。建表前加上一个判断，只有该表目前尚不存在时才执行 CREATE TABLE 操作。用此选项可以避免出现表已经存在无法再新建的错误。

（3）列选项。列选项主要有以下几种：

① NULL 或 NOT NULL：表示一列是否允许为空，NULL 表示可以为空，NOT NULL 表示不可以为空，如果不指定，则默认为 NULL。

② DEFAULT default_value：为列指定默认值，默认值 default_value 必须为一个常量。

③ AUTO_INCREMENT：设置自增属性，只有整型列才能设置此属性。当插入 NULL 值

或 0 到一个 AUTO_INCREMENT 列中时，列被设置为 value+1，value 是此前表中该列的最大值。AUTO_INCREMENT 顺序从 1 开始。每个表只能有一个 AUTO_INCREMENT 列，并且它必须被索引。

默认情况下，MySQL 自增型字段的值从 1 开始递增，且步长为 1。设置自增型字段的语法格式如下：

Create table 表名（属性名 数据类型 auto_increment，…..）；

④ UNIQUE KEY | PRIMARY KEY：UNIQUE KEY 和 PRIMARY KEY 都表示字段中的值是唯一的。PRIMARY KEY 表示设置为主键，一个表只能定义一个主键，主键必须为 NOT NULL。如果一个表的主键是单个字段，直接在该字段的数据类型或者其他约束条件后加上"primary key"关键字，即可将该字段设置为主键约束，语法规则如下：

CREATE TABLE tbl_name
（
字段名 数据类型 [其他约束条件]primary key，
  <列名 1> <数据类型> [<列选项>]，
  <列名 2> <数据类型> [<列选项>]，
  …
  <表选项>
）

表选项：在定义列选项的时候，可以将某列定义为 PRIMARY KEY，但是当主键是由多个列组成的多列索引时，定义列时无法定义此主键，这时就必须在语句最后加上一个由 PRIMARY KEY（col_name，…）子句定义的表选项，格式为：

CREATE TABLE tbl_name
（
  <列名 1> <数据类型> [<列选项>]，
  <列名 2> <数据类型> [<列选项>]，
  …
  <表选项>
    primary key（字段名 1，字段名 2）
）

另外，表选项中还可以定义索引和外键。

【例 3.2】使用 SQL 语句"create table 表名"即可创建一个数据库表。

```
use choose;
set default_storage_engine=InnoDB;
create table my_table（
today datetime，
name char（20）
）；
```

当成功创建 InnoDB 存储引擎的 my_table 表后，MySQL 服务实例会在数据库目录 choose 中自动创建一个名字为表名、后缀名为 frm 的文件 my_table.frm，如图 3.10 所示。

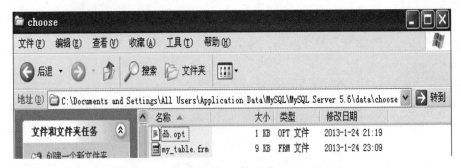

图 3.10 后缀名为 frm 的文件 my_table.frm

【例 3.3】使用命令行方式在 PXSCJ 数据库中创建学生管理系统中的三个表 XSB、KCB 和 CJB。表的结构参照表 3.1、表 3.2 和表 3.3。

创建 XSB 表使用如下语句：

USE PXSCJ；

CREATE TABLE XSB

（

学号	CHAR（6）	NOT NULL PRIMARY KEY，
姓名	CHAR（8）	NOT NULL，
性别	CHAR（2）	NULL DEFAULT '男'，
出生时间	DATE	NULL，
专业	CHAR（12）	NULL，
总学分	INT（4）	NULL DEFAULT 0，
备注	TEXT	NULL ）；

执行结果如图 3.11 所示。

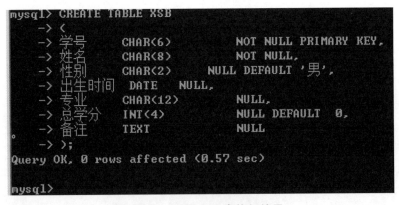

图 3.11 创建 XSB 表执行结果

创建 KCB 表使用如下语句：

USE PXSCJ；

CREATE TABLE KCB

（

课程号	CHAR（3）	NOT NULL PRIMARY KEY，
课程名	CHAR（16）	NOT NULL，

开课学期	TINYINT（1）	NULL DEFAULT 1,
学时	TINYINT（1）	NULL,
学分	TINYINT（1）	NOT NULL);

执行结果如图 3.12 所示。

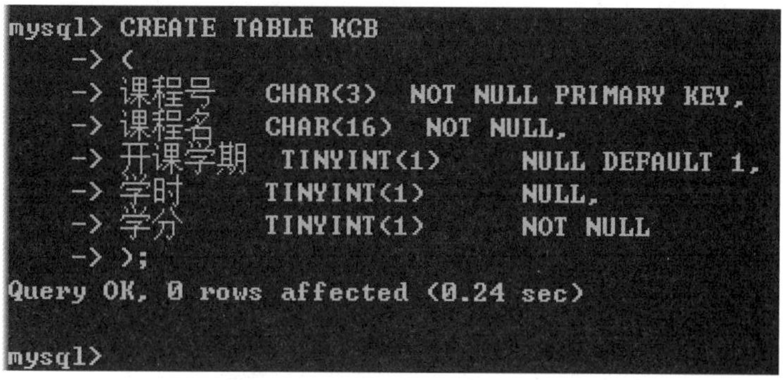

图 3.12　创建 KCB 表执行结果

创建 CJB 表使用如下语句：

USE PXSCJ；

CREATE TABLE CJB

（

学号	CHAR（6）	NOT NULL,
课程号	CHAR（3）	NOT NULL,
成绩INT（4）		NULL,
PRIMARY KEY（学号，课程号）		

）；

执行结果如图 3.13 所示。

图 3.13　创建 CJB 表执行结果

3.6　显示表结构

1. 使用 MySQL 命令查看表结构

"Describe 表名;"或"desc table_name;"即可查看表名为 table_name 的表结构，如图 3.14 所示。

```
mysql> use choose;
Database changed
mysql> show tables;
+------------------+
| Tables_in_choose |
+------------------+
| my_table         |
+------------------+
1 row in set (0.00 sec)

mysql> desc my_table;
+-------+----------+------+-----+---------+-------+
| Field | Type     | Null | Key | Default | Extra |
+-------+----------+------+-----+---------+-------+
| today | datetime | YES  |     | NULL    |       |
| name  | char(20) | YES  |     | NULL    |       |
+-------+----------+------+-----+---------+-------+
2 rows in set (0.00 sec)
```

图 3.14　显示 my_table 表结构

2. 查看表的详细信息

使用 MySQL 命令“show create table table_name;”，查看名为 table_name 表的详细信息，如图 3.15 所示。

```
mysql> show create table my_table;
+----------+---------------------------------
| Table    | Create Table
+----------+---------------------------------
| my_table | CREATE TABLE `my_table` (
  `today` datetime DEFAULT NULL,
  `name` char(20) DEFAULT NULL
) ENGINE=MyISAM DEFAULT CHARSET=gbk |
+----------+---------------------------------
1 row in set (0.00 sec)
```

图 3.15　查看表 my_table 的详细信息

3.7　向表中插入数据

创建了数据库和表之后，下一步就是向表里插入数据。通过 INSERT 或 REPLACE 语句可以向表中插入一行或多行数据。INSERT 语句向数据库表插入记录时，可以使用 insert 语句向表中插入一条或多条记录，也可以使用 insert….select 语句向表中插入另一个表的结果集。

INSERT 语句的基本格式如下：

INSERT [INTO] tbl_name [（col_name，...）]

VALUES（{expr | DEFAULT}，...），（...），...

• tbl_name。被操作的表名。

• col_name。需要插入数据的列名。如果要给全部列插入数据，列名可以省略。如果只给表的部分列插入数据，需要指定这些列。对于没有指出的列，它们的值根据列默认值或有关属性来确定。

• VALUES 子句。包含各列需要插入的数据清单，数据的顺序要与列的顺序相对应。若 tb1_name 后不给出列名，则在 VALUES 子句中要给出每列的值，如果列值为空，则值必须置为 NULL，否则会出错。VALUES 子句中的值如下：

• expr：可以是一个常量、变量或一个表达式，也可以是空值 NULL，其值的数据类型要与列的数据类型一致。例如，列的数据类型为 INT，插入数据"aa"时就会出错。当数据为字符型时要用单引号括起。

• DEFAULT：指定为该列的默认值。前提是该列之前已经指定了默认值。

• 如果列清单和 VALUES 清单都为空，则 INSERT 会创建一行，每列都设置成默认值。

注意：insert 语句的返回结果；外键约束关系。

1. 向表中插入数据项完整的数据记录

向表中插入数据项完整的数据记录，语法格式如下：

Insert　into　表名

Values（值 1，值 2，……………值 n）；

2. 批量插入多条记录

使用 insert 语句可以一次性地向表批量插入多条记录，语法格式如下：

insert into　表名[（字段列表）]

values（值列表 1），（值列表 2），…（值列表 n）；

3. 向表中插入数据记录一部分

Insert　into　表名（列 1，列 2，……列 n）

Values（值 1，值 2，……………值 n）；

4. 使用 insert...select 插入结果

在 insert 语句中使用 select 子句可以将源表的查询结果添加到目标表中，语法格式如下：

insert into　目标表名[（字段列表 1，列 1，列 2，……列 n）]

select（字段列表 2，列 1，列 2，……列 n）from 源表 where 条件表达式

注意：目标表中的列数与 select 后的字段个数必须相同，且对应字段的数据类型尽量保持一致。如果源表与目标表的表结构完全相同，目标表名后的列名可以省略。

【例 3.4】向 PXSCJ 数据库的表 XSB（表中列包括学号、姓名、性别、出生时间、专业、总学分、备注）中插入如下的一行：

081101，王林，男，1990-02-10，计算机，50，NULL

使用下列语句：

USE PXSCJ；

INSERT INTO XSB

VALUES（'081101'，'王沪林'，'男'，'1990-02-10'，'计算机'，50，NULL）；

执行结果如图 3.16 所示。

图 3.16　插入记录

【例 3.5】表 XSB 中性别的默认值为男，备注的默认值为 NULL，插入像上例那行数据可以使用以下命令：

INSERT INTO XSB（学号，姓名，出生时间，专业，总学分）

VALUES（'081201'，'张强'，'1990-06-10'，'计算机'，48）；

执行结果如图 3.17 所示。

图 3.17　插入记录中带有 null

与下列命令效果相同：

INSERT INTO XSB

VALUES（'081201'，'张强'，DEFAULT，'1990-06-10'，'计算机'，48，NULL）；

注意：若原有行中存在 PRIMARY KEY 或 UNIQUE KEY，而插入的数据行中含有与原有行中 PRIMARY KEY 或 UNIQUE KEY 相同的列值，则 INSERT 语句无法插入此行。要插入这行数据需要使用 REPLACE 语句，REPLACE 语句的用法和 INSERT 语句基本相同。使用 REPLACE 语句可以在插入数据之前将与新记录冲突的旧记录删除，从而使新记录能够正常插入。

5. 使用 replace 插入新记录

replace 语句的语法格式有三种语法格式。

语法格式 1：replace into 表名 [（字段列表）] values（值列表）

语法格式 2：replace [into] 目标表名[（字段列表 1）]

select（字段列表 2）from 源表 where 条件表达式

语法格式 3：

replace [into] 表名

set 字段 1=值 1，字段 2=值 2

replace 语句的功能与 insert 语句的功能基本相同，不同之处在于：使用 replace 语句向表插入新记录时，如果新记录的主键值或者唯一性约束的字段值与已有记录相同，则已有记录先被删除（注意：已有记录删除时也不能违背外键约束条件），然后再插入新记录。

使用 replace 的最大好处就是可以将 delete 和 insert 合二为一，形成一个原子操作，这样就无需将 delete 操作与 insert 操作置于事务中了。

说明：考虑到数据库移植，不建议使用 replace。

【例 3.6】若例 3.4 中的数据行已经插入，其中学号为主键（PRIMARY KEY），现在想再插入如下一行数据：

081101，刘华，1，1991-03-08，通信工程，48，NULL

若使用 INSERT 语句，执行结果如图 3.18 所示。

```
mysql> INSERT INTO XSB
    -> VALUES('081101','刘华',1,'1991-03-08','通信工程',48,NULL);
ERROR 1062 (23000): Duplicate entry '081101' for key 'PRIMARY'
```

图 3.18　插入时主键冲突

可使用 REPLACE 语句，执行结果如图 3.19 所示。

```
mysql> REPLACE INTO XSB
    -> VALUES('081101','刘华',1,'1991-03-08','通信工程',48,NULL);
Query OK, 2 rows affected (0.02 sec)
```

图 3.19　REPLACE 语句执行结果

3.8　修改表结构

ALTER TABLE 用于更改原有的表结构。例如，可以增加或删减列，创建或取消索引，更改原有列的类型，重新命名列或表，还可以更改表的描述和表的类型。成熟的数据库设计，数据库的表结构一般不会发生变化。数据库的表结构一旦发生变化，基于该表的视图、触发器、存储过程将直接受到影响，其至导致应用程序的修改。

ALTER TABLE 语句的基本格式如下：

ALTER TABLE table_name
ADD <列名> <数据类型> <列选项>　　　　　　　　　　　　　　/*添加列*/
| ALTER <列名> {SET DEFAULT default_value | DROP DEFAULT}　　　/*修改默认值*/
| CHANGE <旧列名> <新列名> <数据类型> <列选项>　　　　　　/*对列重命名*/
| MODIFY <列名> <数据类型> <列选项>　　　　　　　　　　/*修改列类型*/
| DROP <列名>　　　　　　　　　　　　　　　　　　　　/*删除列*/
| RENAME <新表名>　　　　　　　　　　　　　　　　　/*重命名该表*/
| 其他

其中，table_name 为要修改表的表名。

ALTER TABLE 语句中的修改子句可以包含以下几类：

3.8.1　添加、修改、删除字段

1. 添加新字段

向表添加新字段时，通常需要指定新字段在表中的位置。向表添加新字段的语法格式如下：

alter table 表名 add 新字段名 新数据类型 [新约束条件] [first | after 旧字段名]

其中 ADD 子句：向表中增加新列。例如，在表 t1 中增加新的一列 a：
ALTER TABLE t1 ADD COLUMN a TINYINT NULL；
（1）增加字段，字段处于最后一个位置。
Alter table　表名 add 字段名 数据类型 null/not null；
首先看一下原来的 xsb 表结构：
Desc xsb；
xsb 原表结构如图 3.20 所示。

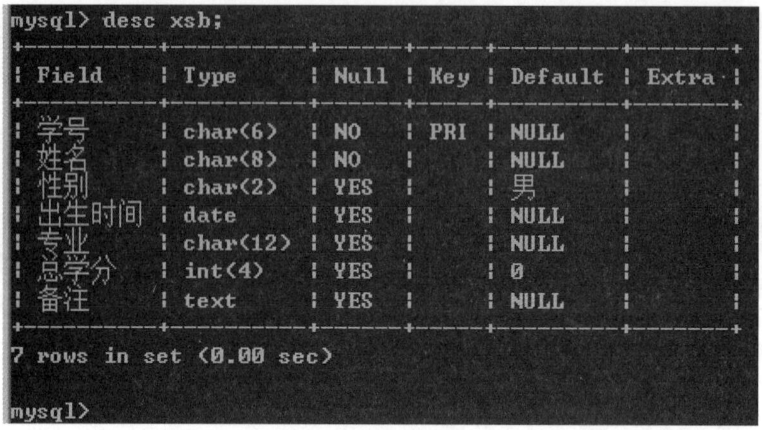

```
mysql> desc xsb;
+----------+----------+------+-----+---------+-------+
| Field    | Type     | Null | Key | Default | Extra |
+----------+----------+------+-----+---------+-------+
| 学号     | char(6)  | NO   | PRI | NULL    |       |
| 姓名     | char(8)  | NO   |     | NULL    |       |
| 性别     | char(2)  | YES  |     | 男      |       |
| 出生时间 | date     | YES  |     | NULL    |       |
| 专业     | char(12) | YES  |     | NULL    |       |
| 总学分   | int(4)   | YES  |     | 0       |       |
| 备注     | text     | YES  |     | NULL    |       |
+----------+----------+------+-----+---------+-------+
7 rows in set (0.00 sec)

mysql>
```

图 3.20　xsb 原表结构

执行命令：Alter table xsb add 新增字段 char（10）null；，如图 3.21 所示。

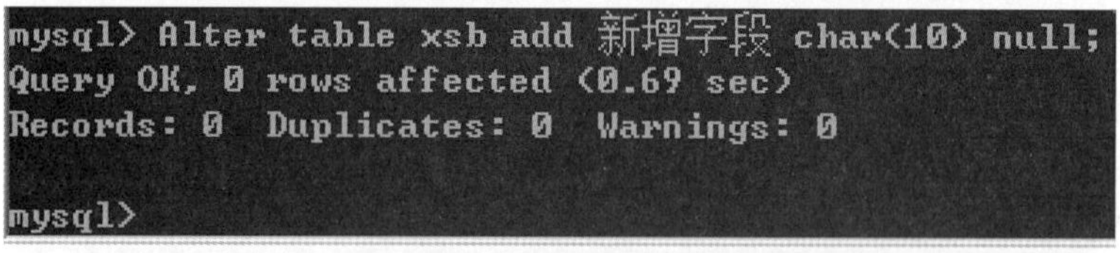

```
mysql> Alter table xsb add 新增字段 char(10) null;
Query OK, 0 rows affected (0.69 sec)
Records: 0  Duplicates: 0  Warnings: 0

mysql>
```

图 3.21　执行命令：Alter table xsb add 新增字段 char（10）null;

新增字段后，再查看 xsb 表结构，如图 3.22 所示。

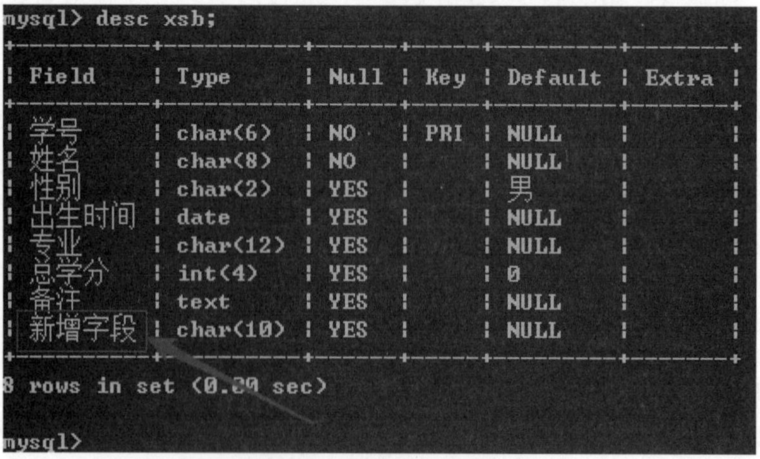

```
mysql> desc xsb;
+----------+----------+------+-----+---------+-------+
| Field    | Type     | Null | Key | Default | Extra |
+----------+----------+------+-----+---------+-------+
| 学号     | char(6)  | NO   | PRI | NULL    |       |
| 姓名     | char(8)  | NO   |     | NULL    |       |
| 性别     | char(2)  | YES  |     | 男      |       |
| 出生时间 | date     | YES  |     | NULL    |       |
| 专业     | char(12) | YES  |     | NULL    |       |
| 总学分   | int(4)   | YES  |     | 0       |       |
| 备注     | text     | YES  |     | NULL    |       |
| 新增字段 | char(10) | YES  |     | NULL    |       |
+----------+----------+------+-----+---------+-------+
8 rows in set (0.29 sec)

mysql>
```

图 3.22　表结构中增加字段

发现”新增字段”添加在表结构末尾。

（2）在表的第一个位置增加字段。

Alter table　表名 add 字段名 数据类型 first;

执行命令：alter table xsb add 首字段 char（10）null first;，如图 3.23 所示。

```
mysql> alter table xsb add 首字段 char(10) null first;
Query OK, 0 rows affected (0.38 sec)
Records: 0  Duplicates: 0  Warnings: 0

mysql>
```

图 3.23　在表第一个位置增加字段

再查看 xsb 表结构，如图 3.24 所示。

```
mysql> desc xsb;
+----------+----------+------+-----+---------+-------+
| Field    | Type     | Null | Key | Default | Extra |
+----------+----------+------+-----+---------+-------+
| 首字段   | char(10) | YES  |     | NULL    |       |
| 学号     | char(6)  | NO   | PRI | NULL    |       |
| 姓名     | char(8)  | NO   |     | NULL    |       |
| 性别     | char(2)  | YES  |     | 男      |       |
| 出生时间 | date     | YES  |     | NULL    |       |
| 专业     | char(12) | YES  |     | NULL    |       |
| 总学分   | int(4)   | YES  |     | 0       |       |
| 备注     | text     | YES  |     | NULL    |       |
| 新增字段 | char(10) | YES  |     | NULL    |       |
+----------+----------+------+-----+---------+-------+
9 rows in set (0.00 sec)

mysql>
```

图 3.24　首字段表结构变化

（3）在表的指定字段之后增加字段。

Alter table　表名 add 字段名 数据类型 after　列名 2;

执行命令：alter table xsb add 中间字段 char（10）null after 专业;，如图 3.25 所示。

```
mysql> alter table xsb add 中间字段 char(10) null after 专业;
Query OK, 0 rows affected (0.41 sec)
Records: 0  Duplicates: 0  Warnings: 0

mysql>
```

图 3.25　在指定字段之后增加字段

再查看 xsb 表结构，中间字段如图 3.26 所示。

```
mysql> desc xsb;
+------------+----------+------+-----+---------+-------+
| Field      | Type     | Null | Key | Default | Extra |
+------------+----------+------+-----+---------+-------+
| 首字段     | char(10) | YES  |     | NULL    |       |
| 学号       | char(6)  | NO   | PRI | NULL    |       |
| 姓名       | char(8)  | NO   |     | NULL    |       |
| 性别       | char(2)  | YES  |     | 男      |       |
| 出生时间   | date     | YES  |     | NULL    |       |
| 专业       | char(12) | YES  |     | NULL    |       |
| 中间字段   | char(10) | YES  |     | NULL    |       |
| 总学分     | int(4)   | YES  |     | 0       |       |
| 备注       | text     | YES  |     | NULL    |       |
| 新增字段   | char(10) | YES  |     | NULL    |       |
+------------+----------+------+-----+---------+-------+
10 rows in set (0.00 sec)

mysql>
```

图 3.26　中间字段

2. 修改字段名（或者数据类型）

（1）修改字段的名字。

Alter table 表名 change 旧属性名 新属性名 旧数据类型；

例如，要首先创建表：把一个数据类型为 INTEGER 列的名称从 a 变更到 b：

create table t1（

aa int null，

name char（20），

csrq　datetime

）；

执行结果如图 3.27 所示。

```
mysql> create table t1(
    -> aa int null,
    -> name char(20),
    -> csrq  datetime
    -> );
Query OK, 0 rows affected (0.24 sec)

mysql> desc t1;
+-------+----------+------+-----+---------+-------+
| Field | Type     | Null | Key | Default | Extra |
+-------+----------+------+-----+---------+-------+
| aa    | int(11)  | YES  |     | NULL    |       |
| name  | char(20) | YES  |     | NULL    |       |
| csrq  | datetime | YES  |     | NULL    |       |
+-------+----------+------+-----+---------+-------+
3 rows in set (0.01 sec)

mysql>
```

图 3.27　创建表

执行命令：ALTER TABLE t1 CHANGE aa bb INTEGER;，如图 3.28 所示。

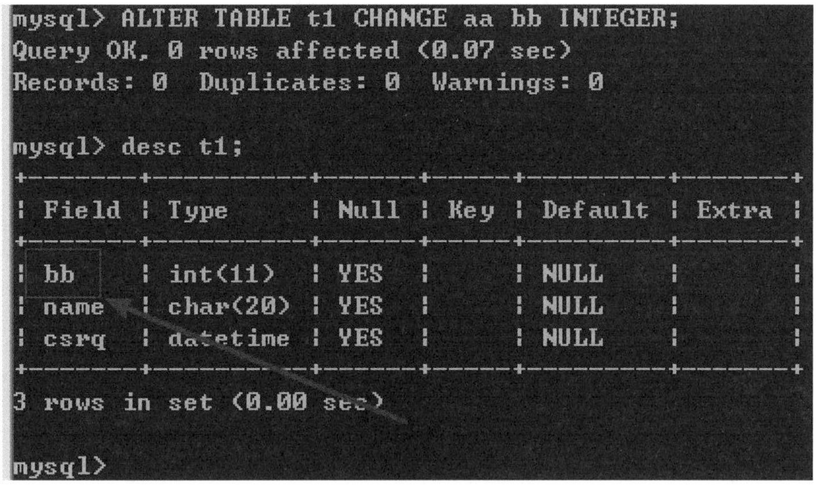

图 3.28　修改字段名

（2）修改字段的数据类型。

如果仅对字段的数据类型进行修改，可以使用下面的语法格式：

alter table　表名　modify　字段名　新数据类型

MODIFY 子句：修改指定列的数据类型。例如，把一个列的数据类型改为 BIGINT：

执行命令：ALTER TABLE t1 MODIFY bb BIGINT NOT NULL；，如图 3.29 所示。

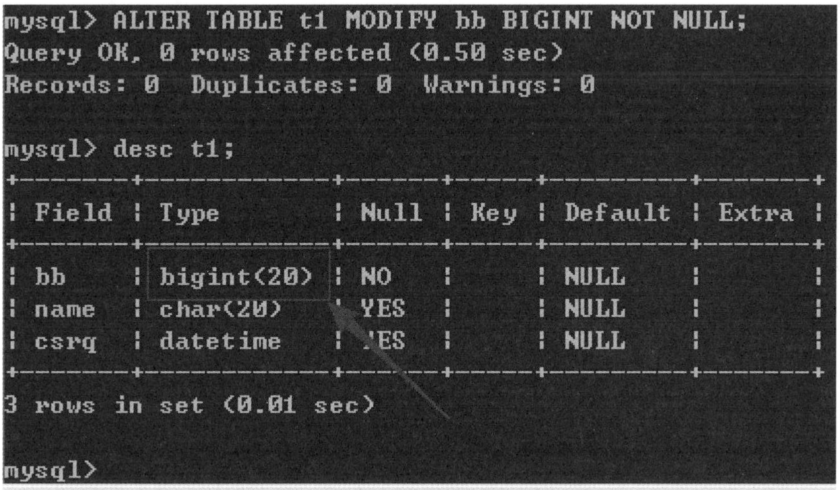

图 3.29　修改字段的数据类型

注意：若表中该列所存数据的数据类型与将要修改的列的类型冲突，则发生错误。例如，原来 CHAR 类型的列要修改成 INT 类型，而原来列值中有字符型数据 "a"，则无法修改。

（3）同时修改字段名字和属性。

Alter table　表名　change　旧属性名　新属性名　新数据类型；

执行 Alter table t1 change bb kk char（10）；命令语句后，表结构如图 3.30 所示。

（4）修改字段的顺序。

Alter table　表名　modify　属性名 1　数据类型　first|after　属性名 2；

执行 Alter table t1 modify kk char（10）after name；命令语句后，表结构如图 3.31 所示。

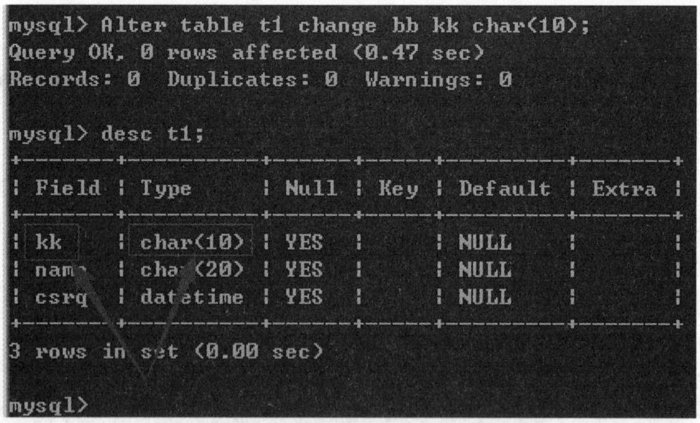

图 3.30　同时修改字段名字和属性

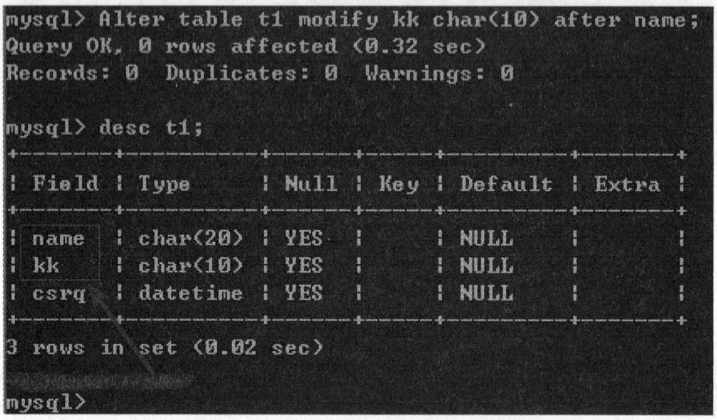

图 3.31　修改后字段的顺序

注意：属性名 1 和属性名 2 必须是表中已存在的字段名。

（5）删除字段。

删除表字段的语法格式如下：

alter table　表名　drop　字段名；

执行 alter table t1 drop kk；命令语句后，表结构如图 3.32 所示。

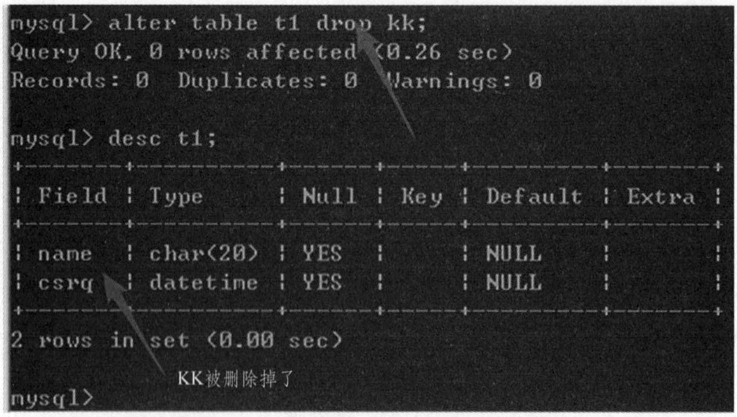

图 3.32　删除字段 KK 后的表结构

【例 3.7】假设已经在数据库 PXSCJ 中创建了表 XSB，表中存在"姓名"列。在表 XSB 中增加"奖学金等级"列，并将表中的"姓名"列删除。

参考答案：

USE PXSCJ;

ALTER TABLE XSB

　　ADD　奖学金等级　TINYINT NULL，

　　DROP　姓名；

3.8.2　修改约束条件

1.　添加约束条件

向表的某个字段添加约束条件的语法格式如下（其中约束类型可以是唯一性约束、主键约束及外键约束）：

alter table　表名　add constraint　约束名　约束类型（字段名）

（1）创建表时设置外键。

Create table　表名（属性名　数据类型　auto_increment，……

Constraint　外键约束名　foreign　key（列名）references　表名（列名）；

）

（2）对建好的表修改增加约束（外键约束）。

Alter table　表名　add constraint　约束名　　foreign key（列名）references　表名（列名）；

执行命令语句：Alter table cjb add constraint fk_xh foreign key（学号）references xsb（学号），

add constraint fk_kch foreign key（课程号）references kcb（课程号）；，将对 cjb 表的学号参照 xsb 表的学号，cjb 表的课程号参照 kcb 表的课程分别建立外键约束 fk_xh 和 fk_kch，如图 3.33 所示。

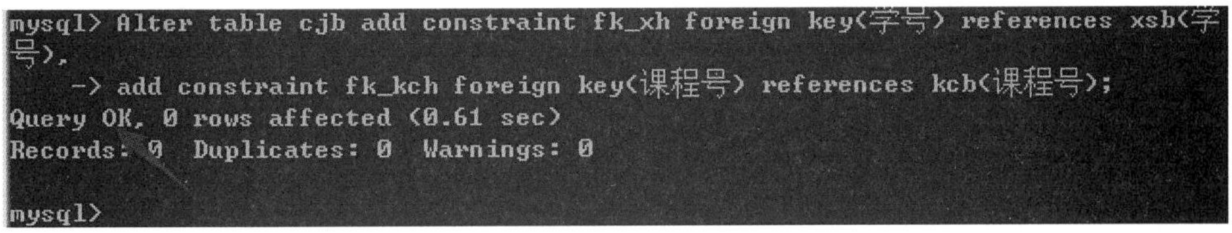

图 3.33　修改增加约束

2.　删除约束条件

删除约束条件的语法格式如下：

Alter　table　表名　drop　约束类型　约束名；

（1）删除表的主键约束条件语法格式比较简单，语法格式如下：

alter table　表名　drop primary key；

（2）删除表的外键约束时，需指定外键约束名称，语法格式如下（注意需指定外键约束名）：

alter table　表名　drop foreign key　约束名；

（3）若要删除表字段的唯一性约束，实际上只需删除该字段的唯一性索引即可，语法格式如下（注意需指定唯一性索引的索引名）：

Alter　table　表名　drop index　唯一索引名；

（4）修改表的其他选项：

alter table　表名　engine=新的存储引擎类型

alter table 表名 default charset=新的字符集

alter table 表名 auto_increment=新的初始值

alter table 表名 pack_keys=新的压缩类型

3.8.3 修改表名

修改表名的语法格式较为简单，语法格式如下：

rename table 旧表名 to 新表名

该命令等效于：alter table 旧表名 rename 新表名

RENAME 子句：修改该表的表名。例如，将表 a 改名为 b：

ALTER TABLE a RENAME b；

3.9 修改表数据

向表中插入数据后，如要修改表中的数据，可以使用 UPDATE 语句，基本格式如下：

UPDATE 表名

SET 列名 1=表达式 1 [, 列名 2=表达式 2 ...]

[WHERE where_definition]

① SET 子句。指定了要修改的字段以及该字段修改后的值。根据 WHERE 子句中指定的条件对符合条件的数据行进行修改。若语句中不设定 WHERE 子句，则更新所有行。列名 1、列名 2 为要修改列值的列名，表达式 1、表达式 2 可以是常量、变量或表达式。可以同时修改所在数据行的多个列值，中间用逗号隔开。

② WHERE 子句。通过设定条件确定要修改哪些行，where_definition 用于指定了表中哪些记录需要修改。若省略了 where_definition 子句，则表示修改表中的所有记录。

【例 3.8】将 PXSCJ 数据库的 XSB 表（数据以表中数据为准）中学号为 081101 的学生的备注值改为"三好生"。

USE PXSCJ；

UPDATE XSB

SET 备注='三好生'

WHERE 学号='081101'；

【例 3.9】将 XSB 表中的所有学生的总学分增加 10。

UPDATE XSB

SET 总学分 = 总学分+10；

【例 3.10】将姓名为"罗林琳"的同学的专业改为"软件工程"，备注改为"提前修完学分"，学号改为"081261"。

UPDATE XSB

SET 专业 ='软件工程',

    备注 ='提前修完学分',

    学号 ='081261'

WHERE 姓名 ='罗林琳'；

3.10 删除表数据

1. DELETE 语句

删除表中数据一般使用 DELETE 语句，语法格式如下：

DELETE FROM tbl_name

    [WHERE where_definition]

或

delete from 表名 [where 条件表达式]

说明：如果没有指定 where 子句，那么该表的所有记录都将被删除，但表结构依然存在。

【例 3.11】假设数据库 mydata 中有一个表 table1，table1 中有如下数据：

姓名	年龄	职业
张三	42	教师
李四	28	工人

要删除张三的信息可使用如下语句：

USE mydata

DELETE FROM table1

    WHERE 姓名='张三';

【例 3.12】将 PXSCJ 数据库的 XSB 表中总学分小于 50 的所有行删除，使用如下语句：

USE PXSCJ

DELETE FROM XSB

    WHERE 总学分<50；

2. 使用 truncate 清空表记录

使用 TRUNCATE TABLE 语句也可以删除表中数据，但是该语句将删除指定表中的所有数据，因此也称为清除表数据语句。语法格式如下：

TRUNCATE TABLE table_name

从逻辑上说，truncate 语句与"delete from 表名"语句作用相同。但是在某些情况下，两者在使用上有所区别：

例如，清空记录的表如果是父表，那么 truncate 命令将永远执行失败。如果使用 truncate table 成功清空表记录，那么会重新设置自增型字段的计数器。truncate table 语句不支持事务回滚，并且不会触发触发器程序的运行。

3.11 复制一个表结构

复制一个表结构的实现方法有两种：

方法一：在 create table 语句的末尾添加 like 子句，可以将源表的表结构复制到新表中，语法格式如下：

create table 新表名 like 源表

方法二：在 create table 语句的末尾添加一个 select 语句，可以实现表结构的复制，甚至可以将源表的表记录拷贝到新表中。下面的语法格式将源表的表结构以及源表的所有记录拷贝到新表中，语法格式如下：

create table 新表名 select * from 源表

3.12 删除表

删除一个表可以使用 DROP TABLE 语句。语法格式如下：

DROP [TEMPORARY] TABLE [IF EXISTS] tbl_name [，tbl_name] ...；

即可删除名为 table_name 的表。

删除表后，MySQL 服务实例会自动删除该表结构定义文件（例如 second_table.frm 文件），以及数据、索引信息。该命令慎用！

例如，删除 XSB 表可以使用如下语句：

USE PXSCJ；

DROP TABLE XSB；

删除表的 SQL 语法格式比较简单，唯一需要强调的是删除表时，如果表之间存在外键约束关系，此时需要注意删除表的顺序。

3.13 MySQL 特殊字符序列

在 MySQL 中，当字符串中存在 8 个特殊字符序列时，字符序列被转义成对应的字符（每个字符序列以反斜线符号"\"开头，且字符序列大小写敏感），如表 3.4 所示。

表 3.4 转义字符对照表

MySQL 中的特殊字符序列	转义后的字符
\"	双引号（"）
\'	单引号（'）
\\	反斜线（\）
\n	换行符
\r	回车符
\t	制表符
\0	ASCII 0（NUL）
\b	退格符

利用转义字符向表中插入两条学生信息，如表 3.5 所示。

表 3.5 转义字符示例

学生	字符段	字段值	说明
学生 1	学号 student_no	2012006	
	姓名 student_name	Mar_tin	
	联系方式 student_contact	Mar\tin@gmail.com	\t 被转义为一个制表符

学生	字符段	字段值	说明
学生 2	学号 student_no	2012007	
	姓名 student_name	O\'neil	\' 被转义为一个单引号
	联系方式 student_contact	0_\neil@gmail.com	\n 被转义为一个换行符

3.14 InnoDB 表空间

InnoDB 表空间分为共享表空间和独享表空间两种。

1. 共享表空间

MySQL 服务实例承载的所有数据库的所有 InnoDB 表的数据信息、索引信息、各种元数据信息以及事务的回滚（UNDO）信息，全部存放在共享表空间文件中。

默认情况下该文件位于数据库根目录下，文件名是 ibdata1，且文件的初始大小为 10M。可以使用 MySQL 命令"show variables like 'innodb_data_file_path';"查看该文件的属性，如图 3.34 所示。

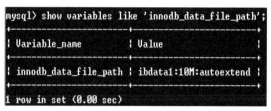

图 3.34　查看该文件属性结果

2. 独享表空间

如果将全局系统变量 innodb_file_per_table 的值设置为 ON（innodb_file_per_table 的默认值为 OFF），那么之后再创建 InnoDB 存储引擎的新表，这些表的数据信息、索引信息都将保存到独享表空间文件。

独享表空间的设置，如图 3.35 所示。

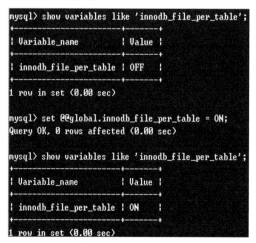

图 3.35　独享表空间的设置及前后状态值对比

3.15 小 结

本章主要介绍了数据库和表的操作。数据库讲解了创建数据库、查看数据库、选择和删除数据库；而对表主要介绍了创建表、查看表、删除表、修改表和设置表约束操作。对于表修改操作，主要从修改表名、增加字段、删除字段和修改字段四方面来讲解。

通过对本章的学习，读者不仅能掌握数据库和表的基本概念，还能熟练掌握数据库和表的各种操作。

第4章　MySQL中变量与数据类型

在 MySQL 中的 my.cnf 是参数文件（Option Files），参数文件 my.cnf 中的都是系统参数，又称为系统变量（system variables）。在 MySQL 中有各种类型的变量，本章主要讲解 MySQL 数据库的系统变量和用户自定义变量类型，理清各种变量类型概念，并能更好地在数据库设计中加以应用。

通过前面读者可知，数据库的表是一个二维表，由一个或多个数据列构成。每个数据列都有它的特定类型，该类型决定了 MySQL 如何看待该列数据，当把整型数值存放到字符类型的列中时，MySQL 则会把它看成字符串来处理。 在数据表设计过程中，为了节省存储空间和提高数据库处理效率，读者应根据应用数据的取值范围来选择一个最适合的数据列类型，从而实现数据库在操作时对不同类型数据的处理。

MySQL 的数据类型主要包括以下五大类：

- 整数类型：BIT、BOOL、TINY INT、SMALL INT、MEDIUM INT、INT、BIG INT。
- 浮点数类型：FLOAT、DOUBLE、DECIMAL。
- 字符串类型：CHAR、VARCHAR、TINY TEXT、TEXT、MEDIUM TEXT、LONGTEXT、TINY BLOB、BLOB、MEDIUM BLOB、LONG BLOB。
- 日期类型：Date、DateTime、TimeStamp、Time、Year。
- 其他数据类型：BINARY、VARBINARY、ENUM、SET、Geometry、Point、MultiPoint、LineString、MultiLineString、Polygon、GeometryCollection 等。

4.1　MySQL 中变量

在 MySQL 数据库中，变量分为系统变量（以@@开头）以及用户自定义变量（以@开头）。

1. 全局系统变量与会话系统变量

每一个 MySQL 客户机成功连接 MySQL 服务器后，都会产生与之对应的会话。

会话期间，MySQL 服务实例会在 MySQL 服务器内存中生成与该会话对应的会话系统变量。这些会话系统变量的初始值是全局系统变量值的拷贝。

由于各会话在会话期间所做的操作不尽相同，为了标记各个会话，会话系统变量又新增了 12 个变量，具体情况如图 4.1 所示。

2. 查看系统变量的值

使用"show global variables;"命令即可查看 MySQL 服务器内存中所有的全局系统变量信息（有 393 项之多）。

使用"show session variables;"命令即可查看与当前会话相关的所有会话系统变量以及所有的全局系统变量（有 405 项之多），此处 session 关键字可以省略。

MySQL 中有一些系统变量仅仅是全局系统变量。例如 innodb_data_file_path。

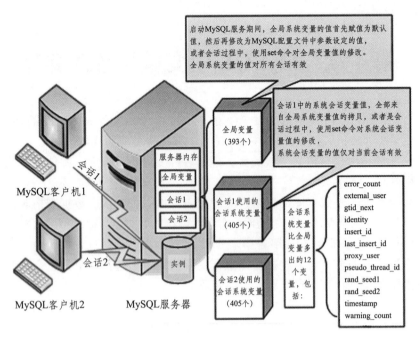

图 4.1　MySQL 中变量

- show global variables like 'innodb_data_file_path';
- show session variables like 'innodb_data_file_path';
- show variables like 'innodb_data_file_path';

MySQL 中有一些系统变量仅仅是会话系统变量。例如 MySQL 连接 ID 会话系统变量 pseudo_thread_id。

- show session variables like 'pseudo_thread_id';
- show variables like 'pseudo_thread_id';

MySQL 中有一些系统变量既是全局系统变量，又是会话系统变量。例如系统变量 character_set_client 既是全局系统变量，又是会话系统变量。

此时查看会话系统变量的方法：

- show session variables like 'character_set_client';
- show variables like 'character_set_client';

此时查看全局系统变量的方法：

show global variables like 'character_set_client';

3. 修改系统变量的值

作为 MySQL 编码规范，MySQL 中的系统变量以两个"@"开头。

- @@global 仅仅用于标记全局系统变量；
- @@session 仅仅用于标记会话系统变量；
- @@首先标记会话系统变量，如果会话系统变量不存在，则标记全局系统变量。

修改系统变量的值有三种方法：

方法一：修改 MySQL 源代码，然后对 MySQL 源代码重新编译（该方法适用于 MySQL 高级用户，这里不作阐述）。

方法二：最为简单的方法是通过修改 MySQL 配置文件，继而修改 MySQL 系统变量的值（该方法需要重启 MySQL 服务）。

方法三：在 MySQL 服务运行期间，使用"set"命令重新设置系统变量的值。

设置全局系统变量的值的方法：

- set @@global.innodb_file_per_table = default；
- set @@global.innodb_file_per_table = ON；
- set global innodb_file_per_table = ON；

设置会话系统变量的值的方法：

- set @@session.pseudo_thread_id = 5；
- set session pseudo_thread_id = 5；
- set @@pseudo_thread_id = 5；
- set pseudo_thread_id = 5；

MySQL 中还有一些特殊的全局系统变量（例如 log_bin、tmpdir、version、datadir），在 MySQL 服务实例运行期间它们的值不能动态修改，不能使用"set"命令进行重新设置，这种变量称为静态变量。

数据库管理员可以使用方法一或者方法二重新设置静态变量的值。

4.2 MySQL 数据类型

在创建表的列时，必须为其指定数据类型，列的数据类型决定了数据的取值、范围和存储格式。MySQL 提供的数据类型包括数值类型（整数类型和小数类型）、字符串类型、日期类型、复合类型（复合类型包括 enum 类型和 set 类型）以及二进制类型 ，将其列于表 4.1 中。

表 4.1　MySQL 提供的数据类型

数据类型	符号标志
整数型	BIGINT，INT，SMALLINT，MEDIUMINT，TINYINT
精确数值型	DECIMAL，NUMERIC
浮点型	FLOAT，REAL，DOUBLE
位型	BIT
字符型	CHAR，VARCHAR，LONGVARCHAR，LONGTEXT
Unicode 字符型	NCHAR，NVARCHAR

在讨论数据类型时，涉及精度、小数位数和长度三个概念，前两个概念是针对数值型数据的，它们的含义如下：

- 精度。指数值数据中所存储的十进制数据的总位数。
- 小数位数。指数值数据中小数点右边可以有的数字位数的最大值。例如，数值数据 3560.697 的精度是 7，小数位数是 3。
- 长度。指存储数据所使用的字节数。

下面分别介绍数据类型。

1. MySQL 整数类型

MySQL 整数类型分类如图 4.2 所示。

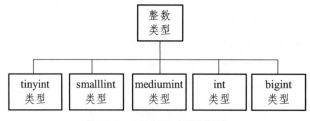

图 4.2　MySQL 整数类型

整数型包括 BIGINT、INT、MEDIUMINT、SMALLINT 和 TINYINT，从标志符的含义可以看出，它们表示数的范围在逐渐缩小。

① BIGINT。大整数，数值范围为 -2^{63}（$-9\,223\,372\,036\,854\,775\,808$）～$2^{63}-1$（$9\,223\,372\,036\,854\,775\,807$），其精度为 19，小数位数为 0，长度为 8 字节。

② INTEGER（简写为 INT）。整数，数值范围为 -2^{31}（$-2\,147\,483\,648$）～$2^{31}-1$（$2\,147\,483\,647$），其精度为 10，小数位数为 0，长度为 4 字节。

③ MEDIUMINT。中等长度整数，数值范围为 -2^{23}（$-8\,388\,608$）～$2^{23}-1$（$8\,388\,607$），其精度为 7，小数位数为 0，长度为 3 字节。

④ SMALLINT。短整数，数值范围为 -2^{15}（$-32\,768$）～$2^{15}-1$（$32\,767$），其精度为 5，小数位数为 0，长度为 2 字节。

⑤ TINYINT。微短整数，数值范围为 -2^7（-128）～2^7-1（127），其精度为 3，小数位数为 0，长度为 1 字节。

整数类型的数，默认情况下既可以表示正整数又可以表示负整数（此时称为有符号数）。如果只希望表示零和正整数，可以使用无符号关键字"unsigned"对整数类型进行修饰（此时称为无符号整数）。例如：score tinyint unsigned

不同整型数据的区别如表 4.2 所示。

表 4.2　不同整型数据的区别

类型	字节数	范围（有符号）范围	范围（无符号）
tinyint	1 字节	（-128，128）	（0，255）
smallint	2 字节	（-32768，32767）	（0，65535）
mediumint	3 字节	（-8388608，8388607）	（0，16777215）
Int	4 字节	（-21474836348，2147483647）	（0，4294967295）
bigint	8 字节	（-9233372036854775808，9223372036854775807）	（0，18446744073709551615）

2. MySQL 小数类型

MySQL 小数类型如图 4.3 所示。

（1）精确数值型。

精确数值型由整数部分和小数部分构成，其所有的数字都是有效位，能够以完整的精确表示数据的精度存储十进制数。精确数值型包括 DECIMAL、NUMERIC 两类。从功能上说两者完全等价，两者的唯一区别在于 DECIMAL 不能用于带有 IDENTITY 关键字的列。

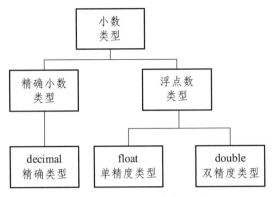

图 4.3 MySQL 小数类型

声明精确数值型数据的格式是 NUMERIC | DECIMAL（P[，S]），其中 P 为精度，S 为小数位数，S 的默认值为 0。例如，指定某列为精确数值型，精度为 6，小数位数为 3，即 DECIMAL（6，3），那么若向某记录的该列赋值 56.342689 时，该列实际存储的是 56.3427。decimal(length，precision) 用于表示精度确定（小数点后数字的位数确定）的小数类型，其中 length 决定了该小数的最大位数，precision 用于设置精度（小数点后数字的位数）。

例如：

decimal（5，2）表示小数取值范围：999.99 ~ 999.99

decimal（5，0）表示：–99999 ~ 99999 的整数。

（2）浮点型。

浮点型也称近似数值型。这种类型不能提供精确表示数据的精度。使用这种类型来存储某些数值时，有可能会损失一些精度，所以它可用于处理取值范围非常大且对精确度要求不是十分高的数值量，如一些统计量。

有两种浮点数据类型：单精度（FLOAT）和双精度（DOUBLE）。两者通常都使用科学计数法表示数据，即形为：尾数 E 阶数，如 5.6432E20，–2.98E10，1.287 659E–9 等。

① FLOAT[（M，D）] [ZEROFILL]。

取值范围：–3.402 823 466E+38 到 –1.175 494 351E–38 之间、0、1.175 494 351E–38 到 3.402 823 466E+38 之间。M 是小数总位数，D 是小数点后面的位数。如果省略 M 和 D，根据硬件允许的限制来保存值。单精度浮点数精确到大约 7 位小数位。

存储要求：4 个字节，数据精确为 7 位小数位。

② DOUBLE[（M，D）] [ZEROFILL]。

取值范围：–1.797 693 134 862 315 7E+308 到 –2.225 073 858 507 201 4E–308 之间、0、2.225 073 858 507 201 4E–308 到 1.797 693 134 862 315 7E+308 之间。DOUBLE PRECISION 和 REAL 是 DOUBLE 的同义词。

存储要求：8 个字节，数据精度为 15 位小数位。

③ FLOAT（P）[UNSIGNED] [ZEROFILL]。

P 表示精度（以位数表示），MYSQL 只使用该值来确定是否结果列的数据类型为 FLOAT 或 DOUBLE。如果 P 为 0 ~ 24，数据类型为没有 M 或 D 值的 FLOAT。如果 P 为 25 ~ 53，数据类型为没有 M 或 D 值的 DOUBLE。

单精度（FLOAT）和双精度（DOUBLE）的取值范围如表 4.3 所示。

表 4.3　单精度（FLOAT）和双精度（DOUBLE）的取值范围

类型	字节数	负数的取值范围	非负数的取值范围
Float	4	−3.4402823466E+38 到 −1.175494351E-38	0 和 1.175494351E-38 到 3.4402823466E+38
double	8	−1.7976931348623157E+308 到 −2.225.738585072014E-308	0 和 2.225.738585072014E-308 到 1.7976931348623157E+308

3. MySQL 二进制类型

二进制类型的字段主要用于存储由'0'和'1'组成的字符串，因此从某种意义上讲，二进制类型的数据是一种特殊格式的字符串。

二进制类型与字符串类型的区别在于：字符串类型的数据按字符为单位进行存储，因此存在多种字符集、多种字符序；而二进制类型的数据按字节为单位进行存储，仅存在二进制字符集 binary，如图 4.4 所示。

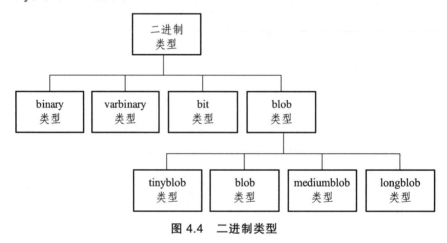

图 4.4　二进制类型

（1）位字段类型，表示如下：

BIT[（M）]

其中，M 表示位值的位数，范围为 1~64。如果省略 M，默认为 1。

（2）BINARY 和 VARBINARY 型。

BINARY 和 VARBINARY 类型数据包含的是二进制字符串，它们没有字符集，并且排序和比较基于列值字节的数值。

• BINARY [（N）]。固定长度的 N 字节二进制数据。N 取值范围为 1~255，默认为 1。BINARY（N）数据的存储长度为 N+4 字节。若输入的数据长度小于 N，则不足部分用 0 填充；若输入的数据长度大于 N，则多余部分被截断。

输入二进制值时，在数据前面要加上 0X，可以用的数字符号为 0~9、A~F（字母大小写均可）。例如，0XFF、0X12A0 分别表示十六进制的 FF 和 12A0。因为每字节的数最大为 FF，故在"0X"格式的数据每两位占 1 字节。

• VARBINARY[（N）]。N 字节变长二进制数据。N 取值范围为 1~65535，默认为 1。VARBINARY（N）数据的存储长度为实际输入数据长度+4 字节。

（3）BLOB 类型。

在数据库中，对于数码照片、视频和扫描的文档等的存储是必需的，MySQL 可以通过 BLOB 数据类型来存储这些数据。BLOB 是一个二进制大对象，可以容纳可变数量的数据。有 4 种 BLOB 类型：TINYBLOB、BLOB、MEDIUMBLOB 和 LONGBLOB。

4. MySQL 字符串

字符串类型的数据外观上使用单引号括起来，例如学生姓名'张三', 课程名'java 程序设计 ' 等。字符串类型如图 4.5 所示。

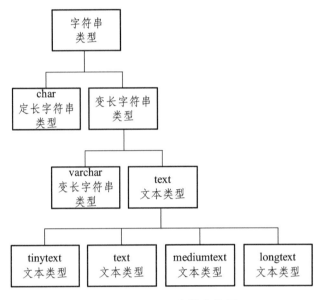

图 4.5 MySQL 字符串数据

字符型数据用于存储字符串，字符串中可包括字母、数字和其他特殊符号（如#、@、& 等）。在输入字符串时，需将串中的符号用单引号或双引号括起来，如'ABC'、"ABC<CDE"。

MySQL 字符型包括固定长度（CHAR）和可变长度（VARCHAR）字符数据类型。CHAR 和 VARCHAR 数据类型类似于 BINARY 和 VARBINARY，不同的是它们包含的是字符字符串，而非字节字符串。

• CHAR[（N）]。定长字符数据类型，其中 N 定义字符型数据的长度，N 为 1 ~ 255，默认为 1。当表中的列定义为 CHAR（N）类型时，若实际要存储的字符串长度不足 N 时，则在串的尾部添加空格以达到长度 N，所以 CHAR（N）的长度为 N。例如，某列的数据类型为 CHAR（20），而输入的字符串为"AHJM1922"，则存储的是字符 AHJM1922 和 12 个空格。若输入的字符个数超出了 N，则超出的部分被截断。

• VARCHAR[（N）]。变长字符数据类型，其中 N 可以指定为 0 ~ 65 535 的值，但这里 N 表示的是字符串可达到的最大长度。VARCHAR（N）的长度为输入的字符串的实际字符个数，而不一定是 N。例如，表中某列的数据类型为 VARCHAR（100），而输入的字符串为"AHJM1922"，则存储的就是字符 AHJM1922，其长度为 8 字节。

对于简体中文字符集 gbk 的字符串而言，varchar（255）表示可以存储 255 个汉字，而每个汉字占用两个字节的存储空间。假如这个字符串没有那么多汉字，例如仅仅包含一个 '中'

字，那么 varchar（255）仅仅占用 1 个字符（两个字节）的储存空间；而 char（255）则必须占用 255 个字符长度的存储空间，哪怕里面只存储一个汉字。

5. 文本型

当需要存储大量的字符数据，如较长的备注、日志信息等，字符型数据的最长 65 535 个字符的限制可能使它们不能满足应用需求，此时可使用文本型数据。文本型数据对应 ASCII 字符，其数据的存储长度为实际字符数个字节。

文本型数据可分为 4 种：TINYTEXT、TEXT、MEDIUMTEXT 和 LONGTEXT，分别对应 4 种 BLOB 类型。不同的是 TEX 表示的是最大字符长度，BLOB 表示的是最大字节长度。各种文本数据类型的最大字符数如表 4.4 所示。

表 4.4 各种文本数据类型的最大字符数

文本数据类型	最 大 长 度
TINYTEXT	$255（2^8 -1）$
text	$65\ 535（2^{16} -1）$
MEDIUMTEXT	$16\ 777\ 215（2^{24} -1）$
LONGTEXT	$4\ 294\ 967\ 295（2^{32} -1）$

6. MySQL 日期类型

MySQL 支持 5 种时间日期类型：DATE、TIME、DATETIME、TIMESTAMP、YEAR。

DATE 表示日期，默认格式为‘YYYY-MM-DD’；

TIME 表示时间，格式为‘HH：ii：ss’；

YEAR 表示年份；

DATETIME 与 TIMESTAMP 是日期和时间的混合类型，格式为'YYYY-MM-DD HH：ii：ss'，如图 4.6 所示。

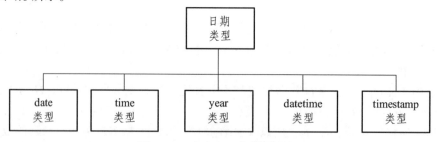

图 4.6 MySQL 日期类型数据

（1）DATE。DATE 数据类型由年份、月份和日期组成，代表一个实际存在的日期。DATE 的使用格式为字符形式'YYYY-MM-DD'，年份、月份和日期之间使用连字符"-"隔开，除了 "-"，还可以使用其他字符如"/"、"@"等，也可以不使用任何连接符，如'19970806'表示 1997 年 8 月 6 日。DATE 数据支持的范围是'1000-01-01'～'9999-12-31'。虽然不在此范围的日期数据也允许，但是不能保证能正确进行计算。

（2）TIME。TIME 数据类型代表一天中的一个时间，由小时数、分钟数、秒数和微秒数组成。格式为'HH：MM：SS.fraction'，其中 fraction 为微秒部分，是一个 6 位的数字，可以省略。TIME 值必须是一个有意义的时间，例如'10:08:34'表示 10 点 08 分 34 秒，而'10:98:10'是不合法的，它将变成'00:00:00'。

（3）DATETIME，TIMESTAMP。DATETIME 和 TIMESTAMP 数据类型是日期和时间的组合，日期和时间之间用空格隔开，如'2008-10-20 10:53:20'。大多数适用于日期和时间的规则在此也适用。DATETIME 和 TIMESTAMP 有很多共同点，但也有区别。对于 DATETIME，年份在 1000～9999 之间，而 TIMESTAMP 的年份在 1970～2037 之间。另一个重要的区别是：TIMESTAMP 支持时区，即在操作系统时区发生改变时，TIMESTAMP 类型的时间值也相应改变，而 DATETIME 则不支持时区。

也就是说，虽然 datetime 与 timestamp 都是日期和时间的混合类型，区别在于：

- 表示的取值范围不同，datetime 的取值范围远远大于 timestamp 的取值范围。
- 将 NULL 插入 timestamp 字段后，该字段的值实际上是 MySQL 服务器当前的日期和时间。
- 同一个 timestamp 类型的日期或时间，不同的时区，显示结果不同。

学会使用 now（）函数。

注意：now（）函数用于获得 MySQL 服务器的当前时间，该时间与时区的设置密切相关。

（4）YEAR。YEAR 用来记录年份值。MySQL 以 YYYY 格式检索和显示 YEAR 值，范围是 1901～2155。

7. MySQL 复合类型

MySQL 支持两种复合数据类型：enum 枚举类型和 set 集合类型。

ENUM 和 SET 是比较特殊的字符串数据列类型，它们的取值范围是一个预先定义好的列表。ENUM 或 SET 数据列的取值只能从这个列表中进行选择。ENUM 和 SET 的主要区别是：ENUM 只能取单值，它的数据列表是一个枚举集合。ENUM 的合法取值列表最多允许有 65535 个成员。例如，ENUM（"N"，"Y"）表示该数据列的取值要么是"Y"，要么是"N"。SET 可取多值。它的合法取值列表最多允许有 64 个成员。空字符串也是一个合法的 SET 值。

8. 选择合适的数据类型

选择合适的数据类型，不仅可以节省储存空间，还可以有效地提升数据的计算性能。

（1）在符合应用要求（取值范围、精度）的前提下，尽量使用"短"数据类型。

（2）数据类型越简单越好。

（3）在 MySQL 中，应该用内置的日期和时间数据类型，而不是用字符串来存储日期和时间。

（4）尽量采用精确小数类型（例如 decimal），而不采用浮点数类型。使用精确小数类型不仅能够保证数据计算更为精确，还可以节省储存空间，例如百分比使用 decimal（4，2）即可。

（5）尽量避免 NULL 字段，建议将字段指定为 NOT NULL 约束。

4.3　小　结

本章主要讲解 MySQL 中变量与数据类型，同时详细说明了各种变量的使用和数据类型的应用范围。

MySQL 系统变量（system variables）是指 MySQL 实例的各种系统变量，实际上是一些系统参数，用于初始化或设定数据库对系统资源的占用、文件存放位置等等。这些变量包含MySQL 编译时的参数默认值，或者 my.cnf 配置文件配置的参数值。默认情况下系统变量都是小写字母。系统变量（system variables）按作用域范围可以分为会话级别系统变量和全局级别系统变量。

　　User-Defined Variables（用户自定义变量），顾名思义就是用户自己定义的变量。用户自定义变量是基于当前会话的。也就是说，用户自定义变量的作用域局限于当前会话（连接），由一个客户端定义的用户自定义变量不能被其他客户端看到或使用。一般可以在 SQL 语句中将值存储在用户自定义变量中，然后再利用另一条 SQL 语句来查询用户自定义变量。这样一来，可以在不同的 SQL 间传递值。另外，用户自定义变量是大小写不敏感的，最大长度为 64个字符，用户自定义变量的形式一般为@var_name，其中变量名称由字母、数字、“.”、“_”和"$"组成。当然，在以字符串或者标识符引用时也可以包含其他特殊字符（例如：@'my-var'，@"my-var"，或者@`my-var`）。使用 SET 设置变量时，可以使用 "=" 或者 ":=" 操作符进行赋值。对于 SET，可以使用=或:=来赋值，对于 SELECT 只能使用:=来赋值。

　　用户自定义变量注意事项，总结如下：
　　（1）未定义的用户自定义变量初始值是 NULL。
　　（2）用户变量名对大小写不敏感。
　　（3）自定义变量的类型是一个动态类型。MySQL 中用户自定义变量，不严格限制数据类型，它的数据类型根据赋给它的值而随时变化。而且自定义变量如果赋予数字值，是不能保证精度的。
　　（4）赋值的顺序和赋值的时间点并不总是固定的，这依赖于优化器的决定。
　　局部变量：作用范围在 begin 到 end 语句块之间，在该语句块里设置的变量。declare 语句专门用于定义声明局部变量。

　　局部变量与用户自定义变量的区分在于：
　　（1）用户自定义变量是以 "@" 开头的。局部变量没有这个符号。
　　（2）定义变量方式不同。用户自定义变量使用 set 语句，局部变量使用 declare 语句定义。
　　（3）作用范围不同。局部变量只在 begin-end 语句块之间有效。在 begin-end 语句块运行完之后，局部变量就消失了。而用户自定义变量是对当前连接（会话）有效。

第5章 表记录的查询

本章详细讲解 select 语句检索表记录的方法，并结合具体问题讲解实现方法。查询数据记录，是指从数据库对象表中获取所要查询的数据记录，该操作可以说是数据最基本的操作之一，也是使用频率最高、最重要的数据操作。

通过本章学习，读者可以掌握以下内容：

- 简单数据查询；
- 条件与限制数据查询；
- 分组与排序数据查询；
- 统计函数与多表连接查询。

5.1 SELECT 语句概述

MySQL 服务与执行原理如图 5.1 所示。

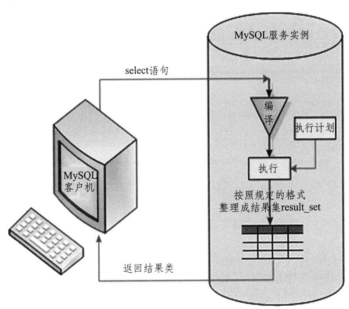

图 5.1 MySQL 服务与执行原理

SELECT 语句可以从一个或多个表中选取特定的行和列，结果通常是生成一个临时表。在执行过程中系统根据用户的要求从数据库中选出匹配的行和列，并将结果存放到临时的表中，SELECT 语句的语法格式如下：

SELECT

    [ALL | DISTINCT]

    select_expr，...

	[FROM table1 [，table2] …]	/*FROM 子句*/
	[WHERE where_definition]	/*WHERE 子句*/

[FROM table1 [，table2] …]   /*FROM 子句*/
[WHERE where_definition]   /*WHERE 子句*/
[GROUP BY {col_name}, …]   /*GROUP BY 子句*/
[HAVING where_definition]   /*HAVING 子句*/
[ORDER BY {col_name，…]   /*ORDER BY 子句*/
[LIMIT {[offset，] row_count}]   /*LIMIT 子句*/

或

select 语句的语法格式如下：

select 字段列表

[ALL | DISTINCT]

from 数据源表

[where 条件表达式]

[group by 分组字段]

[having 条件表达式]

[order by 排序字段 [asc | desc]]

[LIMIT {[offset，] row_count}]

5.1.1 使用 select 语句指定字段列表

使用表 5.1 所示的几种方式指定字段列表。

表 5.1　指定字段列表的方式

字段列表	说明
*	字段列表为数据源的全部字段
表名.*	多表查询时，指定某个表的全部字段
字段列表	指定所需要显示的列

可以为字段列表中的字段名或表达式指定别名，中间使用 as 关键字分隔即可（as 关键字可以省略）。

多表查询时，同名字段前必须添加表名前缀，中间使用"."分隔。

1. 选择指定的列

使用 SELECT 语句选择表中的某些列，各列名之间要以逗号分隔。

【例 5.1】查询 PXSCJ 数据库的 XSB 表中各个同学的姓名、专业和总学分。

USE PXSCJ

SELECT 姓名，专业，总学分

FROM XSB；

2. 定义列别名

当希望查询结果中的某些列或所有列显示自己选择的列标题时，可以在列名之后使用 AS 子句来指定查询结果的列别名。语法格式为：

SELECT column_name [AS] column_alias

【例5.2】查询 XSB 表中计算机系同学的学号、姓名和总学分，结果中各列的标题分别指定为 number、name 和 mark。

SELECT 学号 AS number，姓名 AS name，总学分 AS mark

FROM XSB

WHERE 专业='计算机'；

查询结果如图 5.2 所示。

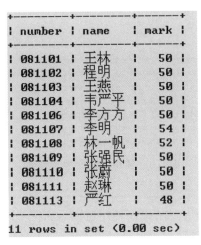

图 5.2　查询重命名列名

5.1.2　指定查询条件

使用 where 子句过滤结果集。数据库中存储着海量数据，数据库用户往往需要的是满足特定条件的记录，where 子句可以实现结果集的过滤筛选。

where 子句的语法格式：

where　条件表达式

使用单一的条件过滤结果集。单一的过滤条件可以使用下面的布尔表达式表示。

表达式 1　比较运算符　表达式 2

说明："表达式 1"和"表达式 2"可以是一个字段名、常量、变量、函数甚至是子查询。

比较运算符用于比较两个表达式的值，比较的结果是一个布尔值（true 或者 false）。

常用的比较运算符有=（等于）、>（大于）、>=（大于等于）、<（小于）、<=（小于等于）、<>（不等于）、!=（不等于）、!<（不小于）、!>（不大于）。

如果表达式的结果是数值，则按照数值的大小进行比较；如果表达式的结果是字符串，则需要参考字符序 collation 的设置进行比较。

1. 比较运算

比较运算符用于比较两个表达式的值，MySQL 支持的比较运算符有=（等于）、<（小于）、<=（小于等于）、>（大于）、>=（大于等于）、<=>（相等或都等于空）、<>（不等于）、!=（不等于）。

比较运算的语法格式为：

expression 1{ = | < | <= | > | >= | <=> | <> | != } expression 2

其中 expression 1，expression 2 是除 TEXT 和 BLOB 类型外的表达式。

当两个表达式值均不为空值（NULL）时，除了"<=>"运算符，其他比较运算均返回逻辑值 TRUE（真）或 FALSE（假）。

【例 5.3】查询 XSB 表中总学分大于 50 的同学的情况。

SELECT 姓名，学号，出生时间，总学分

FROM XSB

WHERE 总学分>50；

查询结果如图 5.3 所示：

图 5.3　使用 where 条件查询

2. 使用逻辑运算符

where 子句中可以包含多个查询条件，使用逻辑运算符可以将多个查询条件组合起来，完成更为复杂的过滤筛选。常用的逻辑运算符包括逻辑与（and）、逻辑或（or）以及逻辑非（!），其中逻辑非（!）为单目运算符。NOT 表示对判定的结果取反。AND 用于组合两个条件，两个条件都为 TRUE 时值才为 TRUE。OR 也用于组合两个条件，两个条件有一个条件为 TRUE 时值就为 TRUE。

（1）逻辑非（!）。

逻辑非（!）为单目运算符，逻辑非（!）的使用方法较为简单，语法格式如下。

!布尔表达式

使用逻辑非（!）操作布尔表达式时，布尔表达式的值为 true 时，整个逻辑表达式的结果为 false，反之亦然。

（2）逻辑与（and）。

使用 and 逻辑运算符连接两个布尔表达式时，只有两个布尔表达式的值都为 true 时，整个逻辑表达式的结果才为 true。语法格式如下。

布尔表达式 1　and　布尔表达式 2

另外，MySQL 还支持 between…and…运算符，between…and…运算符用于判断一个表达式的值是否位于指定的取值范围内，between…and…的语法格式如下。

表达式　[not] between　起始值　and　终止值

（3）逻辑或（or）。

使用 or 逻辑运算符连接两个布尔表达式时，只有两个表达式的值都为 false 时，整个逻辑表达式的结果才为 false。语法格式如下。

布尔表达式 1　or　布尔表达式 2

【例 5.4】查询 XSB 表中专业为计算机，性别为女（0）的同学的情况。

SELECT 姓名，学号，性别，总学分

FROM XSB

WHERE 专业='计算机' AND 性别=0；

查询结果如图 5.4 所示。

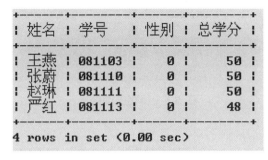

图 5.4   逻辑运算查询

5.2   模式匹配

1. LIKE 运算符

使用 like 进行模糊查询，like 运算符用于判断一个字符串是否与给定的模式相匹配。

模式是一种特殊的字符串，特殊之处在于不仅包含普通字符，还包含有通配符。在实际应用中，如果不能对字符串进行精确查询，此时可以使用 like 运算符与通配符实现模糊查询，like 运算符的语法格式如下。

字符串表达式   [not]   like   模式

模式是一个字符串，其中包含普通字符和通配符。在 MySQL 中常用的通配符如表 5.2 所示。

表 5.2   通配符

通配符	描述
%	包含零个或多个字符组成的任意字符串
_（下划线）	任意一个字符

模糊查询"%"或者"_"字符时，需要将"%"或者"_"字符转义，例如检索学生姓名中所有带"_"的学生信息，可以使用下面的 SQL 语句，其中 new_student 表在表记录的更新操作章节中创建。

select * from new_student where student_name like '%_%';

如果不想使用"\"作为转义字符，可以使用 escape 关键字自定义一个转义字符，例如下面的 SQL 语句使用字符"!"作为转义字符。

select * from new_student where student_name like '%!_%' escape '!';

【例 5.5】查询 PXSCJ 数据库 XSB 表中姓"王"的学生的学号、姓名及性别。

SELECT 学号，姓名，性别

    FROM XSB

    WHERE 姓名 LIKE '王%';

查询结果如图 5.5 所示。

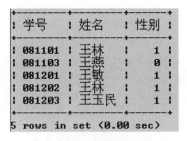

图 5.5　模糊查询结果

2. REGEXP 运算符

REGEXP 运算符用来执行更复杂的字符串比较运算。REGEXP 是正则表达式（regular expression）的缩写。和 LIKE 运算符一样，REGEXP 运算符有多种功能，但它不是 SQL 标准的一部分，REGEXP 运算符的同义词是 RLIKE。语法格式如下：

match_expression [NOT][REGEXP | RLIKE] match_expression

LIKE 运算符有两个符号具有特殊的含义："_"和"%"。而 REGEXP 运算符则有更多的符号有特殊的含义，参见表 5.3。

表 5.3　REGEXP 运算符的特殊字符

特殊字符	含　义
^	匹配字符串的开始部分
$	匹配字符串的结束部分
.	匹配任何一个字符（包括回车和换行）
*	匹配星号之前的 0 个或多个字符的任何序列
+	匹配加号之前的 1 个或多个字符的任何序列
?	匹配问号之前 0 个或多个字符
{n}	匹配括号前的内容出现 n 次的序列
( )	匹配括号里的内容
[abc]	匹配方括号里出现的字符串 abc
[a-z]	匹配方括号里出现的 a～z 之间的一个字符
[^a-z]	匹配方括号里出现的不在 a～z 之间的一个字符
|	匹配符号左边或右边出现的字符串
[[..]]	匹配方括号里出现的符号（如空格、换行、括号、句号、冒号、加号、连字符等）
[[:<:]和[[:>:]]	匹配一个单词的开始和结束
[[:　:]]	匹配方括号里出现的字符中的任意一个字符

【例 5.6】查询姓李的学生的学号、姓名和专业。

SELECT 学号，姓名，专业

　　FROM XSB

　　WHERE 姓名 REGEXP '^李';

查询结果如图 5.6 所示。

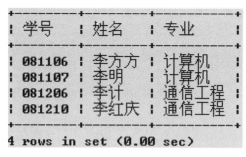

图 5.6　带 REGEXP 运算符^的查询

【例 5.7】查询学号里包含 4、5、6 的学生的学号、姓名和专业。

SELECT 学号，姓名，专业

　　FROM XSB

　　WHERE 学号 REGEXP '[4，5，6]';

查询结果如图 5.7 所示。

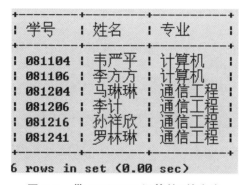

图 5.7　带 REGEXP 运算符[]的查询

【例 5.8】查询学号以 08 开头、08 结尾的学生的学号、姓名和专业。

SELECT 学号，姓名，专业

　　FROM XSB

　　WHERE 学号 REGEXP '^08.*08$';

查询结果如图 5.8 所示。

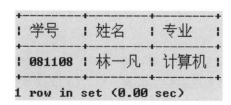

图 5.8　带多个 REGEXP 运算符的查询

3. 范围比较

用于范围比较的关键字有两个：BETWEEN 和 IN。

当要查询的条件是某个值的范围时，可以使用 BETWEEN 关键字。BETWEEN 关键字指出查询范围，格式为：

expression [NOT] BETWEEN　expression1 AND expression2

当不使用 NOT 时，若表达式 expression 的值在表达式 expression1 与 expression2 之间（包括这两个值），则返回 TRUE，否则返回 FALSE；使用 NOT 时，返回值刚好相反。

使用 IN 关键字可以指定一个值表，值表中列出所有可能的值，当与值表中的任一个匹配时，即返回 TRUE，否则返回 FALSE。使用 IN 关键字指定值表的格式为：

expression IN（expression [1，…n]）

【例 5.9】查询 PXSCJ 数据库 XSB 表中不在 1989 年出生的学生情况。

SELECT *

　　　FROM XSB

　　　WHERE 出生时间 NOT　BETWEEN　'1989-1-1'　and　'1989-12-31';

【例 5.10】查询专业为"计算机"、"通信工程"或"无线电"的学生的情况。

SELECT *

　　　FROM XSB

　　　WHERE 专业 IN（'计算机', '通信工程', '无线电'）;

4. 空值比较

当需要判定一个表达式的值是否为空值时，使用 IS NULL 关键字，格式为：

expression IS [NOT] NULL

当不使用 NOT 时，若表达式 expression 的值为空值，返回 TRUE，否则返回 FALSE。当使用 NOT 时，结果刚好相反。

IS NULL 用于判断表达式的值是否为空值 NULL（is not 恰恰相反）。

说明：不能将"score IS NULL"写成"score = NULL;"，原因是 NULL 是一个不确定的数，不能使用"="、"！="等比较运算符与 NULL 进行比较。

【例 5.11】查询总学分尚不确定的学生情况。

SELECT *

　　　FROM XSB

　　　WHERE 总学分 IS NULL；

5.3　数据分组

1. GROUP BY 子句

GROUP BY 子句主要用于根据字段对行进行分组。例如，根据学生所学的专业对 XSB 表中的所有行分组，结果是每个专业的学生成为一组。GROUP BY 子句的语法格式如下：

GROUP BY {col_name | expr | position} [ASC | DESC], ...

【例 5.12】将 PXSCJ 数据库中各专业输出。

SELECT 专业

　　　FROM XSB

　　　GROUP BY 专业；

查询结果如图 5.9 所示。

图 5.9　分组查询结果

【例 5.13】求 PXSCJ 数据库中各专业的学生数。

SELECT 专业，COUNT（＊）AS '学生数'

　　　FROM XSB

　　　GROUP BY 专业；

查询结果如图 5.10 所示。

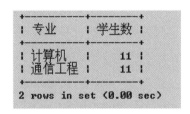

图 5.10　分组查询中使用 count 函数

2. HAVING 子句

使用 HAVING 子句的目的与 WHERE 子句类似，不同的是 WHERE 子句用在 FROM 子句之后选择行，而 HAVING 子句用在 GROUP BY 子句后选择行。

下面 select 语句的语法格式中，select 语句的执行过程为：首先使用 where 子句对结果集进行过滤筛选，接着 group by 子句分组 where 子句的输出，最后 having 子句从分组的结果中再进行筛选。

select 字段列表

from 数据源

where 条件表达式

group by 分组字段　　having 条件表达式

例如，查找 PXSCJ 数据库中平均成绩在 85 分以上的学生，就是在 CJB 表上按学号分组后筛选出符合平均成绩大于等于 85 的学生。

【例 5.14】查找平均成绩在 85 分以上的学生的学号和平均成绩。

SELECT 学号，AVG（成绩）AS '平均成绩'

　　　FROM CJB

　　　GROUP BY 学号

　　　　　HAVING AVG（成绩）>=85；

查询结果如图 5.11 所示。

图 5.11　用 having 分组筛选

5.4　使用聚合函数汇总结果集

聚合函数用于对一组值进行计算并返回一个汇总值，常用的聚合函数有累加求和 sum（）函数、平均值 avg（）函数、统计记录的行数 count（）函数、最大值 max（）函数和最小值 min（）函数等。

使用 count（）对 NULL 值统计时，count（）函数将忽略 NULL 值。sum（）函数、avg（）函数、max（）以及 min（）函数等统计函数，统计数据时也将忽略 NULL 值。

1. 聚合函数

聚合函数常常用于对一组值进行计算，然后返回单个值。聚合函数通常与 GROUP BY 子句一起使用。如果 SELECT 语句中有一个 GROUP BY 子句，则这个聚合函数对所有列起作用，如果没有，则 SELECT 语句只产生一行作为结果。聚合函数一般用于 SELECT 语句选择列的后面。表 5.4 列出了一些常用的聚合函数。

表 5.4　聚合函数表

函数名	说　明
COUNT	求组中项数，返回 int 类型整数
MAX	求最大值
MIN	求最小值
SUM	返回表达式中所有值的和
AVG	求组中值的平均值
STD 或 STDDEV	返回给定表达式中所有值的标准差
VARIANCE	返回给定表达式中所有值的方差
GROUP_CONCAT	返回由属于一组的列值连接组合而成的结果
BIT_AND	逻辑与
BIT_OR	逻辑或
BIT_XOR	逻辑异或

（1）COUNT（）函数。

最经常使用的聚合函数是 COUNT（）函数，用于统计组中满足条件的行数或总行数，返回 SELECT 语句检索到的行中非 NULL 值的数目，若找不到匹配的行，则返回 0。

语法格式为：

COUNT（{[ALL | DISTINCT] expression } | *）

ALL 表示对所有值进行运算，DISTINCT 表示除去重复值，默认为 ALL。使用 COUNT（*）时将返回检索行的总数目，不论其是否包含 NULL 值。

【例 5.15】求学生的总人数。

SELECT COUNT（*）AS '学生总数'

    FROM XSB；

查询结果如图 5.12 所示。

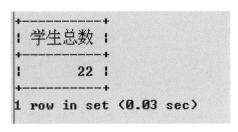

图 5.12　count（）函数统计查询

（2）MAX（）和 MIN（）函数。

MAX（）和 MIN（）函数分别用于求表达式中所有值项的最大值与最小值，其语法格式为：

MAX / MIN（[ALL | DISTINCT] expression）

其中，expression 是常量、列、函数或表达式。

【例 5.16】求选修课程号为 101 的课程的学生的最高分和最低分。

SELECT MAX（成绩）as Max（成绩），MIN（成绩）as MIN（成绩）

    FROM CJB

    WHERE 课程号= '101'；

查询结果如图 5.13 所示。

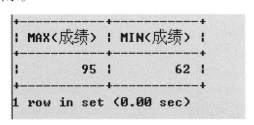

图 5.13　MAX（）和 MIN（）函数查询

（3）SUM（）函数和 AVG（）函数。

SUM（）和 AVG（）函数分别用于求表达式中所有值项的总和与平均值，其语法格式为：

SUM / AVG（[ALL | DISTINCT] expression）

【例 5.17】求学号 081101 的学生所学课程的总成绩。

SELECT SUM（成绩）AS '课程总成绩'

    FROM CJB

    WHERE 学号 = '081101'；

查询结果如图 5.14 所示。

图 5.14　sum（）函数查询

【例 5.18】求课程号为 101 的课程的平均成绩。

SELECT AVG（成绩）AS '课程 101 平均成绩'

    FROM CJB

    WHERE　课程号 = '101';

查询结果如图 5.15 所示。

图 5.15　avg（）函数查询

2. group by 子句与聚合函数

group by 子句通常与聚合函数一起使用。

group by 子句的语法格式如下：

group by　字段列表 [having 条件表达式] [with rollup]

例如，统计每一个班的学生人数，统计每个学生已经选修多少门课程，该生的最高分、最低分、总分及平均成绩等。

group_concat（）函数的功能是将集合中的字符串连接起来，与字符串连接函数 concat（）的功能相似。

【例 5.19】如下面 SQL 语句中的 group_concat（）函数以及 concat（）函数负责将集合中（'java', '程序', '设计'）三个字符串连接起来。

select group_concat（'java', '程序', '设计'），

concat（'java', '程序', '设计'）;

执行结果如图 5.16 所示。

另外，group_concat（）函数还可以按照分组字段，将另一个字段的值（NULL 值除外）使用逗号连接起来。concat（）函数却没有提供这样的功能。

3. group by 子句与 with rollup 选项

group by 子句将结果集分为若干个组，使用聚合函数可以对每个组内的数据进行信息统

计，有时需要对各个组进行汇总运算，则需要在每个分组后加上一条汇总记录，这个任务可以通过 with rollup 选项实现。

图 5.16　group_concat（ ）函数以及 concat（ ）函数查询比较

5.5　使用 order by 子句对结果集排序

select 语句的查询结果集的排序由数据库系统动态确定，往往是无序的，order by 子句用于对结果集排序。在 select 语句中添加 order by 子句，就可以使结果集中的记录按照一个或多个字段的值进行排序，排序的方向可以是升序（asc）或降序（desc）。order by 子句的语法格式如下：

ORDER BY {col_name | expr | position} [ASC | DESC]，...

说明：ORDER BY 子句后可以是一个列、一个表达式或一个正整数。正整数表示按结果表中该位置上的列排序。例如，使用 ORDER BY 3 表示对 SELECT 的列清单上的第 3 列进行排序。

关键字 ASC 表示升序排列，DESC 表示降序排列，系统默认值为 ASC。

【例 5.20】将通信工程专业的学生按出生时间先后排序。

SELECT *

　　FROM XSB

　　WHERE　专业= '通信工程'

　　ORDER BY　出生时间；

【例 5.21】将计算机专业学生的"计算机基础"课程成绩按降序排列。

SELECT　姓名，课程名，成绩

FROM XSB，KCB，CJB

WHERE　　XSB.学号= CJB.学号

　　AND CJB.课程号= KCB.课程号

　　AND　课程名= '计算机基础'

　　AND　专业= '计算机'

ORDER BY　成绩　DESC；

查询结果如图 5.17 所示。

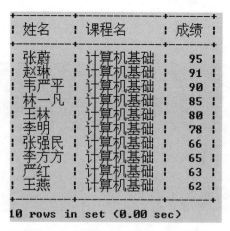

图 5.17　ORDER BY 排序查询结果

5.6　使用谓词限制 SELECT 语句返回记录的行数

1. 谓词 distinct

数据库表中不允许出现重复的记录，但这不意味着 select 的查询结果集中不会出现记录重复的现象。如果需要过滤结果集中重复的记录，可以使用谓词关键字 distinct，语法格式如下：

distinct 字段名

2. 谓词 limit

LIMIT 子句是 SELECT 语句的最后一个子句，主要用于限制 SELECT 语句返回的行数。查询前几条或者中间某几条记录，可以使用谓词关键字 limit 实现。语法格式如下：

select 字段列表

from 数据源

limit [start，]length；

start 表示从第几行记录开始检索，length 表示检索多少行记录。表中第一行记录的 start 值为 0。

例如：

select * from student limit 0，3；

该 SQL 语句等效于：

select * from student limit 3；

例如检索 choose 表中从第 2 条记录开始的 3 条记录信息，可以使用下面的 SQL 语句。

select * from choose limit 1，3；

【例 5.22】查找 XSB 表中学号最靠前的 5 位学生的信息。

SELECT 学号，姓名，性别，出生时间，专业，总学分

　　FROM XSB

　　ORDER BY 学号

　　LIMIT 5；

查询结果如图 5.18 所示。

学号	姓名	性别	出生时间	专业	总学分
081101	王林	1	1990-02-10	计算机	50
081102	程明	1	1991-02-01	计算机	50
081103	王燕	0	1989-10-06	计算机	50
081104	韦严平	1	1990-08-26	计算机	50
081106	李方方	1	1990-11-20	计算机	50

5 rows in set (0.00 sec)

图 5.18　LIMIT 限制查询结果

【例 5.23】查找 XSB 表中从第 4 位同学开始的 5 位学生的信息。

```
SELECT 学号，姓名，性别，出生时间，专业，总学分
    FROM XSB
    ORDER BY 学号
    LIMIT 3，5;
```

查询结果如图 5.19 所示。

学号	姓名	性别	出生时间	专业	总学分
081104	韦严平	1	1990-08-26	计算机	50
081106	李方方	1	1990-11-20	计算机	50
081107	李明	1	1990-05-01	计算机	54
081108	林一帆	1	1989-08-05	计算机	52
081109	张强民	1	1989-08-11	计算机	50

5 rows in set (0.00 sec)

图 5.19　LIMIT 限制查询方式二

5.7　子查询

在查询条件中，可以使用另一个查询的结果作为条件的一部分，例如，判定列值是否与某个查询的结果集中的值相等，作为查询条件一部分的查询称为子查询（也叫内层查询），包含子查询的 SQL 语句称为主查询（也叫外层查询）。为了标记子查询与主查询之间的关系，通常将子查询写在小括号内。子查询一般用在主查询的 where 子句或 having 子句中，与比较运算符或者逻辑运算符一起构成 where 筛选条件或 having 筛选条件。

SQL 标准允许 SELECT 多层嵌套使用，以表示复杂的查询。子查询除了可以用在 SELECT 语句中，还可以用在 INSERT、UPDATE 及 DELETE 语句中。

1. IN 子查询

IN 子查询用于进行一个给定值是否在子查询结果集中的判断，其语法格式为：

expression [NOT] IN（subquery）

其中 subquery 是子查询。当表达式 expression 与子查询 subquery 的结果表中的某个值相等时，IN 谓词返回 TRUE，否则返回 FALSE；若使用了 NOT，则返回的值刚好相反。

【例 5.24】查找选修了课程号为 206 的课程的学生姓名、学号。

```
SELECT 姓名，学号
    FROM XSB
    WHERE 学号 IN
        （SELECT 学号
            FROM CJB
            WHERE 课程号 = '206'
        ）;
```

查询结果如图 5.20 所示。

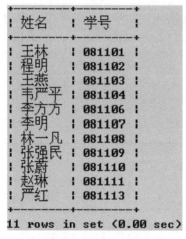

图 5.20　IN 子查询

2. 比较子查询

这种子查询可以认为是 IN 子查询的扩展,它使表达式的值与子查询的结果进行比较运算,其语法格式为:

expression { < | <= | = | > | >= | != | <> } { ALL | SOME | ANY }（subquery）

其中 expression 为要进行比较的表达式，subquery 是子查询。ALL、SOME 和 ANY 说明对比较运算的限制。

ALL 表示指定表达式要与子查询结果集中的每个值进行比较，当表达式与每个值都满足比较的关系时，才返回 TRUE，否则返回 FALSE。

SOME 与 ANY 是同义词,表示表达式只要与子查询结果集中的某个值满足比较的关系时，就返回 TRUE，否则返回 FALSE。

【例 5.25】查找选修了离散数学的学生学号。

```
SELECT 学号
    FROM CJB
        WHERE 课程号 =
            （
                SELECT 课程号
                    FROM KCB
                    WHERE 课程名 ='离散数学'
```

);

查询结果如图 5.21 所示。

```
+--------+
| 学号   |
+--------+
| 081101 |
| 081102 |
| 081103 |
| 081104 |
| 081106 |
| 081107 |
| 081108 |
| 081109 |
| 081110 |
| 081111 |
| 081113 |
+--------+
11 rows in set (0.00 sec)
```

图 5.21　比较查询结果

【例 5.26】查找 XSB 表中比所有计算机系的学生年龄都大的学生学号、姓名、专业、出生时间。

SELECT 学号，姓名，专业，出生时间

FROM XSB

WHERE 出生时间>ALL

（

SELECT 出生时间

FROM XSB

WHERE 专业='计算机'

）；

查询结果如图 5.22 所示。

```
+--------+--------+----------+------------+
| 学号   | 姓名   | 专业名   | 出生时间   |
+--------+--------+----------+------------+
| 081201 | 王敏   | 通信工程 | 1989-06-10 |
| 081202 | 王林   | 通信工程 | 1989-01-29 |
| 081204 | 马琳琳 | 通信工程 | 1989-02-10 |
| 081210 | 李红庆 | 通信工程 | 1989-05-01 |
| 081216 | 孙祥欣 | 通信工程 | 1989-03-09 |
+--------+--------+----------+------------+
5 rows in set (0.01 sec)
```

图 5.22　all 比较查询

3. EXISTS 子查询

EXISTS 谓词用于测试子查询的结果是否为空表，若子查询的结果集不为空，则 EXISTS 返回 TRUE，否则返回 FALSE。EXISTS 还可与 NOT 结合使用，即 NOT EXISTS，其返回值与 EXISTS 刚好相反。其语法格式为：

[NOT] EXISTS（subquery）

【例 5.27】查找选修课程号为 206 的课程的学生姓名。

SELECT 姓名
    FROM XSB
    WHERE EXISTS
     (
       SELECT *
         FROM CJB
         WHERE 学号 = XSB.学号 AND 课程号 = '206'
     );

查询结果如图 5.23 所示。

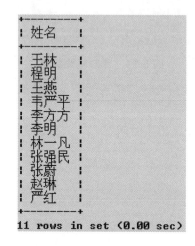

图 5.23　EXISTS 子句查询

MySQL 有 4 种类型的子查询：返回一个表的子查询是表子查询；返回带有一个或多个值的一行的子查询是行子查询；返回一行或多行，但每行上只有一个值的是列子查询；只返回一个值的是标量子查询。从定义上讲，每个标量子查询都是一个列子查询和行子查询。上面介绍的子查询都属于列子查询。

另外，子查询还可以用在 SELECT 语句的其他子句中。表子查询可以用在 FROM 子句中，但必须为子查询产生的中间表定义一个别名。SELECT 关键字后面也可以定义子查询。

【例 5.28】从 XSB 表中查找总学分大于 50 的男同学的姓名和学号。

SELECT 姓名，学号，总学分
    FROM （
        SELECT 姓名，学号，性别，总学分
         FROM XSB
         WHERE 总学分>50
        ） AS STUDENT
    WHERE 性别=1；

查询结果如图 5.24 所示。

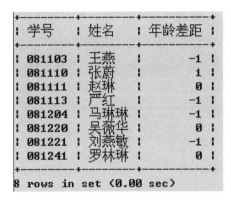

图 5.24　子查询用在 SELECT 语句的其他子句中

【例 5.29】从 XSB 表中查找所有女学生的姓名、学号和与 081101 号学生的年龄差距。

SELECT 学号，姓名，YEAR（出生时间）-YEAR（

（SELECT 出生时间

　　　　FROM XSB

　　　　WHERE 学号='081101'

）

）AS 年龄差距

FROM XSB

WHERE 性别=0;

查询结果如图 5.25 所示。

图 5.25　SELECT 关键字后面定义子查询结果

5.8　连接运算

5.8.1　使用 from 子句指定数据源

多张数据库表（或者视图）"缝补"成一个结果集时，需要指定"缝补"条件，该"缝补"条件称为连接条件。

指定连接条件的方法有两种：第一种方法是在 where 子句中指定连接条件（稍后讲解）。第二种方法是在 from 子句中使用连接（join）运算将多个数据源按照某种连接条件"缝补"在一起。其语法格式如下：

from 表名 1 [连接类型] join 表名 2 on 表 1 和表 2 之间的连接条件

说明：SQL 标准中的连接类型主要分为 inner join（内连接）和 outer join（外连接），而外连接又分为 left join（左外连接，简称为左连接）、right join（右外连接，简称为右连接）以及 full join（完全外连接，简称完全连接），连接原理如图 5.26 所示。

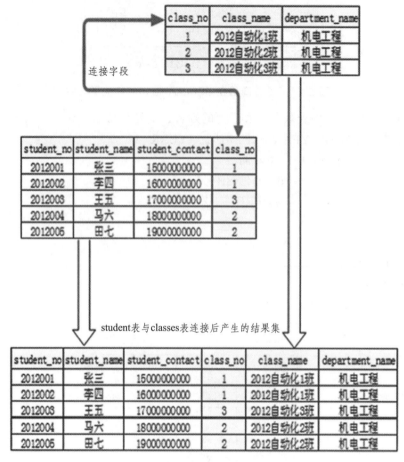

图 5.26　连接原理

1．内连接（inner join）

内连接将两个表中满足指定连接条件的记录连接成新的结果集，舍弃所有不满足连接条件的记录。内连接是最常用的连接类型，也是默认的连接类型，可以在 from 子句中使用 inner join（inner 关键字可以省略）实现内连接，语法格式如下：

from　表 1　[inner] join 表 2　on　表 1 和表 2 之间的连接条件

说明：使用内连接连接两个数据库表时，连接条件会同时过滤表 1 与表 2 的记录信息。

2．外连接（outer join）

外连接又分为左连接（left join）、右连接（right join）和完全连接（full join）。与内连接不同，外连接（左连接或右连接）的连接条件只过滤一个表，对另一个表不进行过滤（该表的所有记录出现在结果集中）。

注意：MySQL 暂不支持完全连接。

（1）左连接的语法格式。

from　表 1　left　join 表 2　on　表 1 和表 2 之间的连接条件

说明：语法格式中表 1 左连接表 2，意味着查询结果集中须包含表 1 的全部记录，然后表 1 按指定的连接条件与表 2 进行连接，若表 2 中没有满足连接条件的记录，则结果集中表 2 相应的字段填入 NULL。

（2）右连接的语法格式。

from　表 1　right　join　表 2　on　表 1 和表 2 之间的连接条件

说明：语法格式中表 1 右连接表 2，意味着查询结果集中须包含表 2 的全部记录，然后表 2 按指定的连接条件与表 1 进行连接，若表 1 中没有满足连接条件的记录，则结果集中表 1 相应的字段填入 NULL。

5.8.2　多表连接

以 3 个表为例，语法格式如下：

from　表 1　[连接类型]　join 表 2　on　表 1 和表 2 之间的连接条件

[连接类型]　join 表 3　on　　表 2 和表 3 之间的连接条件

多表连接原理如图 5.27 所示。

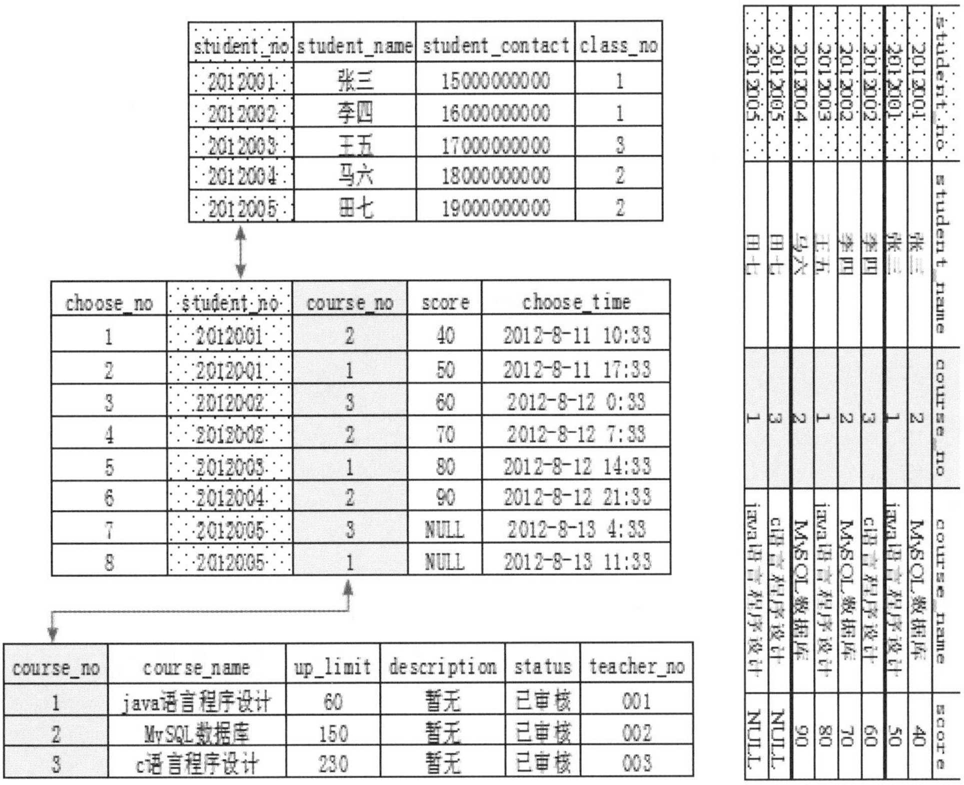

图 5.27　多表连接接原理

5.9　合并结果集

使用 union 可以将多个 select 语句的查询结果集组合成一个结果集。其语法格式如下：

select 字段列表 1　　from　　table1

union [all]

select 字段列表 2　　　from　　table2...

说明：字段列表 1 与字段列表 2 的字段个数必须相同，且具有相同的数据类型。合并产生的新结果集的字段名与字段列表 1 中的字段名对应。

union 与 union all 的区别：

当使用 union 时，MySQL 会筛选掉 select 结果集中重复的记录（在结果集合并后会对新产生的结果集进行排序运算，效率稍低）。而使用 union all 时，MySQL 会直接合并两个结果集，效率高于 union。如果可以确定合并前的两个结果集中不包含重复的记录，建议使用 union all。

5.10　小　结

本章主要介绍 MySQL 中数据记录查询，从简单数据查询、避免重复数据查询、条件数据查询、排序查询、限制查询数据、多表数据记录查询、合并查询数据记录和子查询进行全面讲解。详细介绍了内连接查询、外连接查询和子查询的 sql 语句实现。

通过本章的学习，使读者能够实现用 sql 语句查询处理复杂的数检索问题，为后期的软件开发和数据处理打下坚实基础。

第 6 章 MySQL 函数与编程基础

为了便于 MySQL 代码维护，以及提高 MySQL 代码的重用性，MySQL 开发人员经常将频繁使用的业务逻辑封装成存储程序。MySQL 的存储程序分为四类：函数、触发器、存储过程以及事件。

本章首先介绍了 MySQL 编程的基础知识，接着介绍了 MySQL 常用的系统函数，然后讲解了自定义函数的实现方法。

通过本章学习，读者可以掌握如下内容：
- 关于字符串函数。
- 关于数据函数。
- 关于日期函数。
- 关于系统信息函数。
- 流程控制结构。

6.1 MySQL 编程基础

MySQL 程序设计结构是在 SQL 标准的基础上增加了一些程序设计语言的元素，其中包括常量、变量、运算符、表达式、流程控制以及函数等。

6.1.1 常　量

按照 MySQL 的数据类型进行划分，可以将常量划分为字符串常量、数值常量、十六进制常量、日期时间常量、二进制常量以及 NULL。

1. 字符串常量

字符串常量是指用单引号或双引号括起来的字符序列。select 'I\'m a \teacher' as col1，"you're a stude\nt" as col2；

由于大多编程语言（例如 Java、C 等）使用双引号表示字符串，为了便于区分，在 MySQL 数据库中推荐使用单引号表示字符串。

2. 数值常量

数值常量可以分为整数常量（如 2013）和小数常量（如 5.26、101.5E5），这里不再赘述。

3. 日期时间常量

日期时间常量是一个符合特殊格式的字符串。例如'14：30：24'是一个时间常量，'2008-05-12 14：28：24'是一个日期时间常量。日期时间常量的值必须符合日期、时间标准，例如'1996-02-31'是一个错误的日期常量。

4. 布尔值

布尔值只包含两个可能的值：true 和 false。

说明：使用 select 语句显示布尔值 true 或者 false 时，会将其转换为字符串"0"或者字符串"1"。

5. 二进制常量

二进制常量由数字"0"和"1"组成。二进制常量的表示方法为：前缀为"b"，后面紧跟一个"二进制"字符串。例如，下面的 select 语句输出三个字符：其中 b'111101'表示"等号"，b'1'表示"笑脸"，b'11'表示"心"。

select b'111101'，b'1'，b'11';

6. 十六进制常量

十六进制常量由数字"0"到"9"及字母"a"到"f"或"A"到"F"组成（字母不区分大小写）。十六进制常量有两种表示方法：

第一种表示方法：前缀为大写字母"X"或小写字母"x"，后面紧跟一个"十六进制"字符串。

例如，select X'41'，x'4D7953514C';

其中 X'41'表示大写字母 A。x'4D7953514C'表示字符串 MySQL。

第二种表示方法：前缀为"0x"，后面紧跟一个"十六进制数"（不用引号）。

例如，select 0x41，0x4D7953514C;

其中 0x41 表示大写字母 A。0x4D7953514C 表示字符串 MySQL。

可以看到，使用 select 语句显示十六进制数时，会将十六进制数自动转换为"字符串"再进行显示。如果需要将一个字符串或数字转换为十六进制格式的字符串，可以用 hex（）函数实现。

例如，select hex（'MySQL'）;

hex（）函数将"MySQL"字符串转换为十六进制数 4D7953514C。

小结：十六进制数与字符之间存在一一对应关系，利用这个特点，可以模拟实现中文全文检索。

7. NULL 值

NULL 值可适用于各种字段类型，它通常用来表示"值不确定""没有值"等意义。NULL 值参与算术运算、比较运算以及逻辑运算时，结果依然为 NULL。

6.1.2　用户自定义变量

变量分为系统变量（以@@开头）以及用户自定义变量。

用户自定义变量分为用户会话变量（以@开头）以及局部变量（不以@开头）。

MySQL 客户机 1 定义了会话变量，会话期间，该会话变量一直有效；MySQL 客户机 2 不能访问 MySQL 客户机 1 定义的会话变量；MySQL 客户机 1 关闭或者 MySQL 客户机 1 与服务器断开连接后，MySQL 客户机 1 定义的所有会话变量将自动释放，以便节省 MySQL 服务器的内存空间。

用户会话变量如图 6.1 所示。

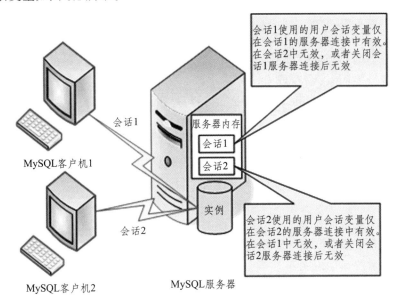

图 6.1　用户会话变量

系统变量与用户会话变量的共同之处在于：变量名大小写不敏感。系统会话变量与用户会话变量的区别在于：用户会话变量一般以一个"@"开头，系统会话变量以两个"@"开头；系统会话变量无需定义可以直接使用。

1. 用户会话变量的定义与赋值

（1）定义局部变量。

使用 DECLARE 语句声明局部变量。例如，声明一个整型变量和两个字符变量：

DECLARE num INT（4）；

DECLARE str1，str2 VARCHAR（6）；

说明：局部变量只能在 BEGIN_END 语句块中声明。

（2）局部变量赋值。

① 使用 SET 语句赋值。

要给局部变量赋值，可以使用 SET 语句。例如：

SET num=1，str1= 'hello'；

说明：这条语句无法单独执行，只能在存储过程和存储函数中使用。

② SELECT...INTO 语句。

格式：select 字段列表 表达式 … into 变量列表

使用 SELECT…INTO 语句可以把选定的列值直接存储到变量中。因此，返回的结果只能有一行。

例如：

SELECT 姓名，专业 INTO name，project

　　FROM XSB

　　WHERE 学号= '081101'；

2. 局部变量与用户会话变量的区别

（1）用户会话变量名以 "@" 开头，而局部变量名前面没有 "@" 符号。

（2）局部变量使用 declare 命令定义（存储过程参数、函数参数除外），定义时必须指定局部变量的数据类型；局部变量定义后，才可以使用 set 命令或者 select 语句为其赋值。

用户会话变量使用 set 命令或 select 语句定义并进行赋值，定义用户会话变量时无需指定数据类型。诸如 "declare @student_no int;" 的语句是错误语句，用户会话变量不能使用 declare 命令定义。

（3）用户会话变量的作用范围与生存周期大于局部变量。局部变量如果作为存储过程或者函数的参数，此时在整个存储过程中或函数内有效；如果定义在存储程序的 begin-end 语句块中，此时仅在当前的 begin-end 语句块中有效。用户会话变量在本次会话期间一直有效，直至关闭服务器连接。

（4）如果局部变量嵌入到 SQL 语句中，由于局部变量名前没有 "@" 符号，这就要求局部变量名不能与表字段名同名，否则将出现无法预期的结果。

关于局部变量的其他说明：

在 MySQL 数据库中，由于局部变量涉及 begin-end 语句块、函数、存储过程等知识，局部变量的具体使用方法将结合这些知识稍后进行讲解。

declare 命令尽量写在 begin-end 语句块的开头，尽量写在任何其他语句的前面。

delimiter $$

select * from student where student_name like '张_'$$

delimiter;

select * from student where student_name like '张_';

6.2　运算符与表达式

根据运算符功能的不同，可将 MySQL 的运算符分为算术运算符、比较运算符、逻辑运算符以及位操作运算符。

1. 算术运算符

算术运算符用于两个操作数之间执行算术运算。常用的算术运算符有：+（加）、−（减）、*（乘）、/（除）、%（求余）以及 div（求商）等 6 种运算符。

2. 比较运算符

比较运算符（又称关系运算符）用于比较操作数之间的大小关系，其运算结果要么为 true，要么为 false，要么为 NULL（不确定），如表 6.1 所示。

表 6.1　比较运算符

运算符	含义
=	等于
>	大于
<	小于

运算符	含义
>=	大于等于
<=	小于等于
<>、! =	不等于
<=>	相等或都等于空
Is null	是否为 NULL
Between…and…	是否在区间内
In	是否在集合内
Like	模式匹配
regexp	正则表达式模式匹配

select 'ab '='ab', ' ab'='ab', 'b'>'a',

NULL=NULL，NULL<=>NULL，

NULL is NULL；

结论：字符串进行比较时，会截掉字符串尾部的空格字符，然后进行比较。

3. 逻辑运算符

逻辑运算符（又称布尔运算符）对布尔值进行操作，其运算结果要么为 true，要么为 false，要么为 NULL（不确定），如表 6.2 所示。

表 6.2　逻辑运算符

运算符	含义
not 或！	逻辑非
and 或 & &	逻辑与
or 或||	逻辑或
xor	逻辑异或

4. 位运算符

位运算符对二进制数据进行操作（如果不是二进制类型的数，将进行类型自动转换），其运算结果为二进制数。使用 select 语句显示二进制数时，会将其自动转换为十进制数显示，如表 6.3 所示。

表 6.3　位运算符

运算符	运算规则
&	按位与
|	按位或
⌒	按位异或
~	按位取反
>>	位右移
<<	位左移

6.3 系统函数

MySQL 功能强大的一个重要原因是 MySQL 内置了许多功能丰富的函数。

本章讲解的所有函数 f（x）在对数据 x 进行操作时，都会返回结果，并且数据 x 的值以及 x 的数据类型都不会发生丝毫变化。

6.3.1 数学函数

为了便于读者学习，本书将数学函数归纳为三角函数，指数函数及对数函数，求近似值函数，随机函数，二进制、十六进制函数等。

1. 三角函数

MySQL 提供了 pi（）函数计算圆周率；radians（x）函数负责将角度 x 转换为弧度；degrees（x）函数负责将弧度 x 转换为角度。

MySQL 还提供了三角函数：正弦函数 sin（x）、余弦函数 cos（x）、tan（x）正切函数、余切函数 cot（x）、反正弦函数 asin（x）、反余弦函数 acos（x）以及反正切函数 atan（x）。

2. 指数函数及对数函数

MySQL 中常用的指数函数有 sqrt（）平方根函数、pow（x，y）幂运算函数（计算 x 的 y 次方）以及 exp（x）函数（计算 e 的 x 次方）。

说明：pow（x，y）幂运算函数还有一个别名函数：power（x，y），实现相同的功能。

MySQL 中常用的对数函数有 log（x）函数（计算 x 的自然对数）以及 log10（x）函数（计算以 10 为底的对数）。

3. 求近似值函数

MySQL 提供的 round（x）函数负责计算离 x 最近的整数，round（x，y）函数负责计算离 x 最近的小数（小数点后保留 y 位）；

示例：

mysql> select round（903.53567），round（-903.53567），round（903.53567，2），round（903.343，-1）;

truncate（x，y）函数负责返回小数点后保留 y 位的 x（舍弃多余小数位，不进行四舍五入）；format（x，y）函数负责返回小数点后保留 y 位的 x（进行四舍五入）；

示例：

mysql> select truncate（903.343434，2），truncate（903.343，-1）;

ceil（x）函数负责返回大于等于 x 的最小整数；floor（x）函数负责返回小于等于 x 的最大整数。

示例：

mysql> select ceil（4.3），ceil（-2.5），floor（4.3），floor（-2.5）;

4. 随机函数

MySQL 提供了 rand（）函数负责返回随机数。

通过 rand（）和 rand（x）函数来获取随机数。这两个函数都会返回 0-1 的随机数，其中 rand（）函数返回的数是完全随机的，而 rand（x）函数返回的随机数值是完全相同的。

示例：

mysql> select rand（），rand（），rand（3），rand（3）;

5. 二进制、十六进制函数

bin（x）函数、oct（x）函数和 hex（x）函数分别返回 x 的二进制、八进制和十六进制数；ascii（c）函数返回字符 c 的 ASCII 码（ASCII 码介于 0~255）；char（c1，c2，c3，...）函数将 c1、c2......的 ASCII 码转换为字符，然后返回这些字符组成的字符串；conv（x，code1，code2）函数将 code1 进制的 x 变为 code2 进制数。

6.3.2　字符串函数

为便于学习，可以将字符串函数归纳为字符串基本信息函数、加密函数、字符串连接函数、修剪函数、子字符串操作函数、字符串复制函数、字符串比较函数以及字符串逆序函数等。字符串基本信息函数包括获取字符串字符集的函数、获取字符串长度以及获取字符串占用字节数的函数等。

注意：字符串函数在对字符串操作时，字符集、字符序的设置至关重要。同一个字符串函数，对同一个字符串进行操作，如果字符集或者字符序设置不同，操作结果可能不同。

（1）比较字符串大小。

strcmp（str1，str2）

功能：str1>str2，返回值为 1，str1<str2，返回值为-1，str1=str2，返回值为 0。

select strcmp（'abc'，'abd'），strcmp（'abc'，'abc'），strcmp（'abc'，'abb'）;

（2）获取字符串长度函数 length（）和字符数函数 char_length（）。

select length（'mysql'），char_length（'mysql'）;

（3）字母大小写转换。

upper：小写转大写；

lower：大写转小写；或 lcase（）;

select upper（'Mysql'），lower（'MYSQL'），lcase（'MYSQL'）;

（4）返回字符串位置。

find_in_set（str1，str2）

功能：返回 str1 在 str2 中匹配的字符串位置。

select find_in_set（'is'，'this，is，book'）; 位置如图 6.2 所示。

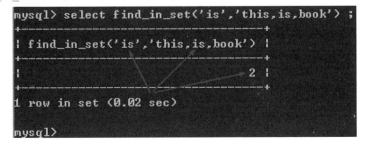

图 6.2　匹配的字符串位置

（5）返回指定字符串集中位置。

field（str，str1，str2......）

功能：返回与 str 匹配的字符串位置。

select field（'is'，'this'，'book'，'is'，'mine'）；位置如图 6.3 所示。

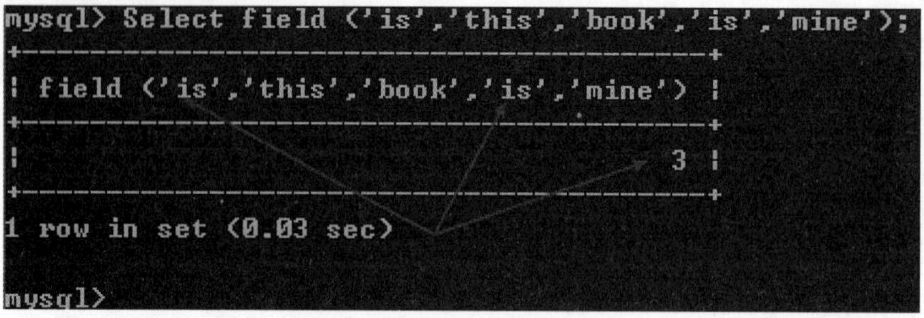

图 6.3　指定字符串集中位置

（6）返回子字符串相匹配的开始位置。

locate（str1，str）

position（str1 in str）

instr（str1，str）

返回字符串 str1 在 str 串中的开始位置。

select locate（'sql'，'mysql'），position（'sql' in 'mysql'），instr（'sql'，'mysql'）

（7）返回指定位置字符串。

elt（n，str1，str2......）

select elt（3，'mysql'，'oracle'，'sql server'，'access'）

返回第 n 个字符串。

（8）make_set 函数的使用。

make_set（）首先会将数值 num 转换成二进制数，然后按照二进制从参数 str1，str2，...，strn 中

选取相应的字符串。再通过二进制从右到左的顺序读取该值，如果值为 1 选择该字符串，否则将不选择该字符串。

select bin（5），make_set（5，'mysql'，'db2'，'oracle'，'redus'）；

（9）从现有字符串中截取子字符串。

截取子字符串的函数有：left（），right（），substring（），mid（）。

① left（）和 right（）分别从左边或右边截取子字符串。

left（str，num）

//返回字符串 str 中包含前 num 个字母（从左边数）的字符串。

right（str，num）

//返回字符串 str 中包含后 num 个字母（从右边数）的字符串。

示例：

mysql> select left（'mysql'，2），right（'mysql'，3）；

② 截取指定位置和长度的字符串。

可以通过 substring（）和 mid（）函数截取指定位置和长度的字符串。

substring（str，num，len）//返回字符串 str 中的第 num 个位置开始长度为 len 的子字符串。

mid（str，num，len）

示例：

mysql> select substring（'shanguangqin'，2，3），mid（'shanguangqin'，2，4）；

（10）去除字符串的首尾空格。

去除字符串首尾空格的函数有：ltrim（）、rtrim（）、trim（）。

① 去除字符串开始处的空格。

ltrim（str）//返回去掉开始处空格的字符串

示例：

mysql> select length（concat（'-'，' mysql '，'-'）），length（concat（'-'，ltrim（' mysql '，'-'）））；

② 去除字符串结束处的空格。

rtrim（str）：返回去掉结束处空格的字符串。

示例：

mysql> select length（concat（'-'，' mysql '，'-'）），length（concat（'-'，ltrim（' mysql '，'-'）））；

③ 去除字符串首尾空格。

trim（str）//返回去掉首尾空格的字符串

示例：

mysql> select length（concat（trim（' mysql '）））origi，length（concat（' mysql '））orilen；

（11）替换字符串。

实现替换字符串的功能，可用 insert（）和 replace（）实现。

① 使用 insert（）函数。

insert（str，pos，len，newstr）

insert（）函数会将字符串 str 中的 pos 位置开始长度为 len 的字符串用字符串 newstr 来替换。如果参数 pos 的值超过字符串长度，则返回值为原始字符串 str。

如果 len 的长度大于原来 str 中所剩字符串的长度，则从位置 pos 开始进行全部替换。若任何一个参数为 null，则返回值为 null。

示例：

mysql> select insert（'这是 mysql 数据库系统'，3，5，'oracle'）bieming；

② 使用 replace（）函数。

replace（str，substr，newstr）//将字符串 str 中的子字符串 substr 用字符串 newstr 来替换。

示例：

mysql> select replace（'这是 mysql 数据库'，'mysql'，'db2'）bieming；

（12）字符串字符集的函数。

charset（x）函数返回 x 的字符集；collation（x）函数返回 x 的字符序。

① 关于字符串字符集的函数。

convert（x using charset）函数返回 x 的 charset 字符集数据（注意 x 的字符集没有变化）。

② 获取字符串长度以及获取字符串占用字节数函数。

char_length（x）函数用于获取字符串 x 的长度；length（x）函数用于获取字符串 x 的占用的字节数。

（13）加密函数。

加密函数包括不可逆加密函数以及加密-解密函数。

① 不可逆加密函数。

password（x）函数用于对 x 进行加密，默认返回 41 位的加密字符串；md5（x）函数用于对 x 进行加密，默认返回 32 位的加密字符串。

② 加密-解密函数。

MySQL 提供了两对加密-解密函数，分别是：encode（x，key）函数与 decode（password，key）函数；aes_encrypt（x，key）函数与 aes_decrypt（password，key）函数。其中 key 为加密密钥（注意读作 miyuè），需要牢记加密时的密钥才能实现密码的解密。

encode（x，key）函数使用密钥 key 对 x 进行加密，默认返回值是一个二进制数（二进制的位数由 x 的字节长度决定）；decode（password，key）函数使用密钥 key 对密码 password 进行解密。

aes_encrypt（x，key）函数使用密钥 key 对 x 进行加密，默认返回值是一个 128 位的二进制数；aes_decrypt（password，key）函数使用密钥 key 对密码 password 进行解密。

（14）合并字符串函数 concat（ ）和 concat_ws（ ）。

① concat（s1，s2，...sn）。

功能：将传入的参数连接起来返回合并的字符串。如果其中一个参数为 null，则返回值为 null。

select concat（'My'，'S'，'QL'），合并后字符串如图 6.4 所示。

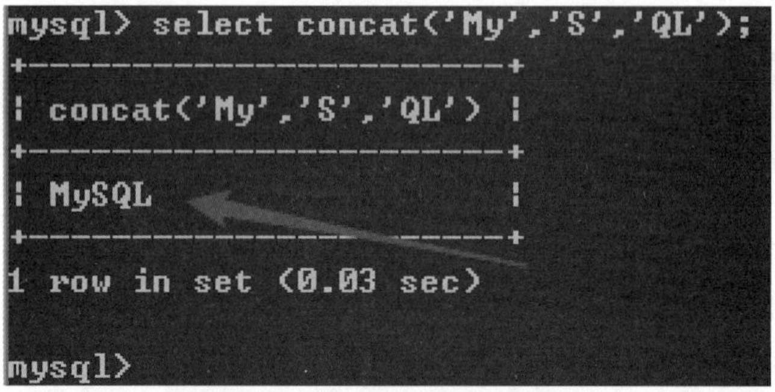

图 6.4　字符串无空合并

select concat（'My'，'S'，'QL'，NULL），合并后字符串如图 6.5 所示。

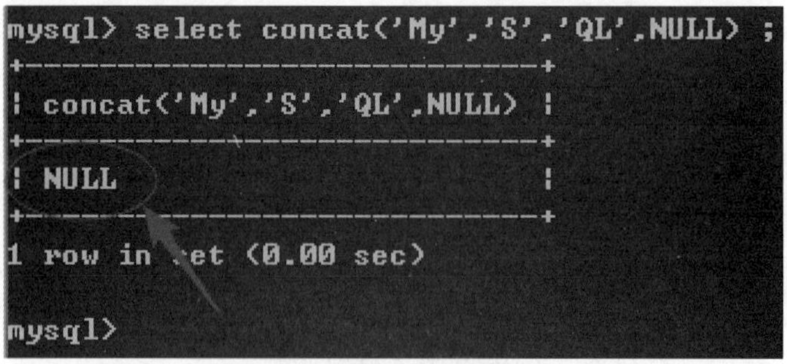

图 6.5　字符串有空合并

select concat（curdate（ ），9.58），合并后字符串如图 6.6 所示。

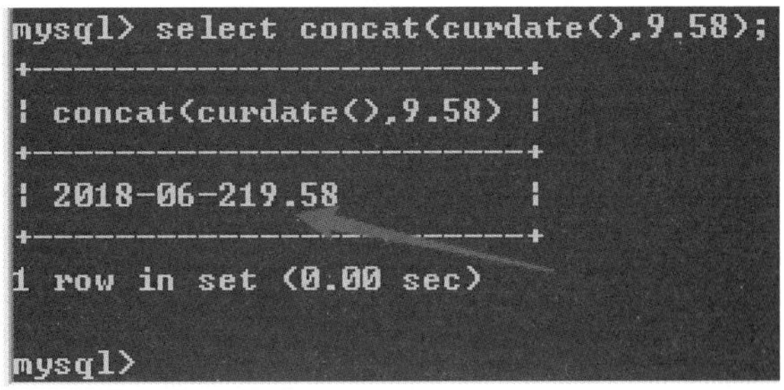

图 6.6 日期与数字合并

curdate（ ）：求当前日期。

② concat_ws（sep，s1，s2）。

功能：将传入的参数连接起来，字符串间多一个分隔符，返回合并的字符串。如果分隔符为 null，则返回值为 null。

select concat_ws（'-'，'023'，'88888888'），执行结果如图 6.7 所示。

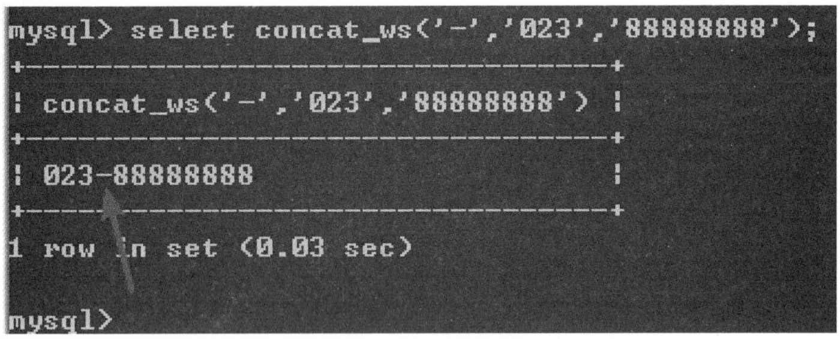

图 6.7 带分隔符合并

（15）修剪函数。

修剪函数包括字符串裁剪函数、字符串大小写转换函数、填充字符串函数等。

① 字符串裁剪函数。

ltrim（x）函数用于去掉字符串 x 开头的所有空格字符。rtrim（x）函数用于去掉字符串 x 结尾的所有空格字符。

trim（[leading | both | trailing] x1 from x2）函数用于从 x2 字符串的前缀或者（以及）后缀中去掉字符串 x1。

left（x，n）函数以及 right（x，n）函数也用于截取字符串。其中 left（x，n）函数返回字符串 x 的前 n 个字符；right（x，n）函数返回字符串 x 的后 n 个字符。

② 字符串大小写转换函数。

upper（x）函数以及 ucase（x）函数将字符串 x 中的所有字母变成大写字母，字符串 x 并没有发生变化；lower（x）函数以及 lcase（x）函数将字符串 x 中的所有字母变成小写字母，字符串 x 并没有发生变化。

③ 填充字符串函数。

lpad（x1，len，x2）函数将字符串 x2 填充到 x1 的开始处，使字符串 x1 的长度达到 len；rpad（x1，len，x2）函数将字符串 x2 填充到 x1 的结尾处，使字符串 x1 的长度达到 len。

（16）子字符串操作函数。

子字符串操作函数包括取出指定位置的子字符串函数、在字符串中查找指定子字符串的位置函数、子字符串替换函数等。

① 取出指定位置的子字符串函数。

substring（x，start，length）函数与 mid（x，start，length）函数都是从字符串 x 的第 n 个位置开始获取 length 长度的字符串。

② 在字符串中查找指定子字符串的位置函数。

locate（x1，x2）函数、position（x1 in x2）函数以及 instr（x2，x1）函数都是用于从字符串 x2 中获取 x1 的开始位置。

find_in_set（x1，x2）函数也可以获取字符串 x2 中 x1 的开始位置（第几个逗号处的位置），不过该函数要求 s2 是一个用英文的逗号分隔的字符串。

③ 子字符串替换函数。

MySQL 提供了两个子字符串替换函数 insert（x1，start，length，x2）和 replace（x1，x2，x3）。insert（x1，start，length，x2）函数将字符串 x1 中从 start 位置开始、长度为 length 的子字符串替换为 x2。replace（x1，x2，x3）函数用字符串 x3 替换 x1 中所有出现的字符串 x2，最后返回替换后的字符串。

（17）字符串复制函数。

字符串复制函数包括 repeat（x，n）函数以及 space（n）函数。其中 repeat（x，n）函数产生一个新字符串，该字符串的内容是字符串 x 的 n 次复制；space（n）函数产生一个新字符串，该字符串的内容是空格字符的 n 次复制。

（18）字符串比较函数。

strcmp（x1，x2）函数用于比较两个字符串 x1 和 x2，如果 x1>x2 函数返回值为 1；如果 x1=x2 函数返回值为 0；如果 x1<x2 函数返回值为-1。

（19）字符串逆序函数。

reverse（x）函数返回一个新字符串，该字符串为字符串 x 的逆序。

（20）数据类型转换函数。

最为常用的数据类型转换函数是 convert（x，type）与 cast（x as type）函数，另外 MySQL 还提供了"十六进制字符串"转换为"十六进制数"的函数 unhex（x）。

① convert（ ）函数。

convert（ ）函数有两种用法格式：convert（x using charset）函数返回 x 的 charset 字符集数据。

convert（ ）函数还有另外一种语法格式：convert（x，type），可以实现数据类型的转换。convert（x，type）函数以 type 数据类型返回 x 数据（注意 x 的数据类型没有变化）。除此以外，cast（x as type）函数也实现了 convert（x，type）函数相同的功能。

② unhex（x）函数。

unhex（x）函数负责将十六进制字符串 x 转换为十六进制的数值。

（21）字符串左边补足函数。

lpad（ ）函数：用替补字符串去填补需要补足的字符串，使填补后的字符串长度等于最终长度。

格式：lpad（需要补足的字符串，最终的长度，替补字符串）；

lpad（需要补足的字符串，补足后的长度，替补字符串）；

select lpad（'1'，3，'0'）；

6.3.3 使用数值函数

（1）获取随机数。

通过 rand（）和 rand（x）函数来获取随机数。这两个函数都会返回 0.1 之间的随机数，其中 rand（）函数返回的数是完全随机的，而 rand（x）函数返回的随机数值是完全相同的。

示例：

mysql> select rand（），rand（），rand（3），rand（3）;

（2）获取整数的函数。

在具体应用中，如果想要获取整数，可以通过 ceil（）和 floor（）函数来实现。

ceil（）函数的定义为：

ceil（x）//函数返回大于或等于数值 x 的最小整数。

floor（）函数的定义为：

floor（）//函数返回小于或等于数值 x 的最大整数。

示例：

mysql> select ceil（4.3），ceil（.2.5），floor（4.3），floor（.2.5）;

（3）截取数值函数。

可以通过 truncate（）对数值的小数位进行截取，函数定义为：

truncate（x，y）//返回数值 x,保留小数点后 y 位

示例：

mysql> select truncate（903.343434,2），truncate（903.343,.1）;

（4）四舍五入函数。

对数值进行四舍五入可以通过 round（）函数实现。

round（x）

//函数返回值 x 经过四舍五入操作后的数值。

round（x，y）

//返回数值 x 保留到小数点后 y 位的值。在具体截取数据时需要进行四舍五入的操作。

示例：

mysql> select round(903.53567),round(.903.53567),round(903.53567,2),round(903.343,.1);

6.3.4 使用日期和时间函数

（1）获取当前日期和时间。

MySQL 中可以通过四个函数获取当前日期和时间，分别是 now（），current_timestamp（），localtime（），sysdate（），

这四个函数不仅可以获取当前日期和时间，而且显示的格式也一样，推荐使用 now（）。

示例：

mysql> select now（），current_timestamp（），localtime（），sysdate（）;

（2）获取当前日期。

获取当前日期的函数有 curdate（）和 current_date（）。

示例：

mysql> select curdate（），current_date（）;

（3）获取当前时间。

获取当前时间的函数有 curtime（）或者 current_time（），推荐使用 curtime（）。

示例：

mysql> select curtime（），current_time（）;

（4）获取日期和时间各部分值。

在 MySQL 中，可以通过各种函数来获取当前日期和时间的各部分值，其中 year（）函数返回日期中的年份，

quarter（）函数返回日期属于第几个季度，month（）函数返回日期属于第几个月，week（）函数返回日期属于第几个星期，

dayofmonth（）函数返回日期属于当前月的第几天，hour（）函数返回时间的小时，minute（）函数返回时间的分钟，second（）函数返回时间的秒。

示例：

mysql> select now（），year（now（）），quarter（now（）），month（now（）），week（now（）），dayofmonth（now（）），hour（now（）），minute（now（）），second（now（））;

（5）关于月的函数。

示例：

mysql> select now（），month（now（）），monthname（now（））;

（6）关于星期的函数。

示例：

mysql>select now（），week（now（）），weekofyear（now（）），dayname（now（）），dayofweek（now（）），weekday（now））;

（7）关于天的函数。

示例：

mysql> select now（），dayofyear（now（）），dayofmonth（now（））;

（8）获取指定值的 extract（）。

函数定义为：

extract（type from date）

//上述函数会从日期和时间参数 date 中获取指定类型参数 type 的值。type 的取值可以是：
//year

示例：

mysql> select now（），extract（year from now（））year，extract（month from now（））month，extract（day from now（））day，extract（hour from now（））hour，extract（minute from now（））minute，extract（second from now（））second;

（9）计算日期和时间的函数。

mysql> select now（），to_days（now（）），from_days（to_days（now（）））;

（10）与指定日期和时间相关操作。

adddate（date，n）函数：该函数计算日期参数 date 加上 n 天后的日期。

subdate（date，n）函数：该函数计算日期参数 date 减去 n 天后的日期。

adddate（d，interval expr type）：返回日期参数 d 加上一段时间后的日期，表达式参数 expr

决定了时间的长度，参数 type 决定了所操作的对象。

subdate（d，interval expr type）：返回日期参数 d 减去一段时间后的日期，表达式 expr 决定了时间的长度。参数 type 决定了所操作的对象。

addtime（time，n）：计算时间参数 time 加上 n 秒后的时间。

subtime（time，n）：计算时间参数 time 减去 n 秒后的时间。

示例一：

mysql> select curdate（），adddate（curdate（），5），subdate（curdate（），5）；

示例二：

mysql> select curdate（），adddate（curdate（），interval '2，3' year_month），subdate（curdate（），5）；

示例三：

mysql> select curtime（），addtime（curtime（），5），subtime（curtime（），5）；

6.3.5　条件控制函数

条件控制函数的功能是根据条件表达式的值返回不同的值。MySQL 中常用的条件控制函数有 if（）、ifnull（）以及 case 函数。与 if 语句以及 case 语句不同，这些函数可以在 MySQL 客户机中直接调用，可以像 max（）统计函数一样直接融入到 SQL 语句中。

1. if（）函数

if（condition，v1，v2）函数中，condition 为条件表达式，当 condition 的值为 true 时，函数返回 v1 的值，否则返回 v2 的值。

2. ifnull（）函数

ifnull（v1，v2）函数中，如果 v1 的值为 NULL，则该函数返回 v2 的值；如果 v1 的值不为 NULL，则该函数返回 v1 的值。

3. case 函数

case 函数的语法格式如下：

case 表达式 when 值 1 then 结果 1 [when 值 2 then 结果 2]… [else 其他值] end

如果表达式的值等于 when 语句中某个"值 n"，则 case 函数返回值为"结果 n"；如果与所有的"值 n"都不相等，case 函数返回值为"其他值"。

6.3.6　系统信息函数

1. 关于 MySQL 服务实例的函数

version（）函数用于获取当前 MySQL 服务实例使用的 MySQL 版本号，该函数的返回值与@@version 静态变量的值相同。

2. 关于 MySQL 服务器连接的函数

（1）有关 MySQL 服务器连接的函数。

connection_id（）函数用于获取当前 MySQL 服务器的连接 ID，该函数的返回值与@@pseudo_thread_id 系统变量的值相同；database（）函数与 schema（）函数用于获取当前操作的数据库。

（2）获取数据库用户信息的函数。

user（）函数用于获取通过哪一台登录主机、使用什么账户名成功连接 MySQL 服务器，system_user（）函数与 session_user（）函数是 user（）函数的别名。current_user（）函数用于获取该账户名允许通过哪些登录主机连接 MySQL 服务器。

示例：

mysql> select version（），database（），user（）；

6.3.7　日期和时间函数

1. 获取 MySQL 服务器当前日期或时间函数

（1）curdate（）函数、current_date（）函数用于获取 MySQL 服务器当前日期；curtime（）函数、current_time（）函数用于用于获取 MySQL 服务器当前时间；

now（）函数、current_timestamp（）函数、localtime（）函数以及 sysdate（）函数用于获取 MySQL 服务器当前日期和时间，这四个函数允许传递一个整数值（小于等于 6）作为函数参数，从而获取更为精确的时间信息。

curdate（）函数、current_date（）函数、curtime（）函数、current_time（）函数、now（）函数、current_timestamp（）函数、localtime（）函数以及 sysdate（）函数的返回值与时区的设置有关。

（2）获取 MySQL 服务器当前 UNIX 时间戳函数。

unix_timestamp（）函数用于获取 MySQL 服务器当前 UNIX 时间戳。

unix_timestamp（datetime）函数将日期时间 datetime 以 UNIX 时间戳返回，而 from_unixtime（timestamp）函数可以将 UNIX 时间戳以日期时间格式返回。需要注意的是，这些函数的返回值与时区的设置有关。

（3）获取 MySQL 服务器当前 UTC 日期和时间函数。

utc_date（）函数用于获取 UTC 日期；utc_time（）函数用于获取 UTC 时间。UTC 即世界标准时间，中国大陆、中国香港、中国澳门、中国台湾、蒙古国、新加坡、马来西亚、菲律宾、西澳大利亚州的时间与 UTC 的时差均为+8，也就是 UTC+8。这些函数的返回值与时区的设置无关。

2. 获取日期或时间的某一具体信息的函数

（1）获取年、月、日、时、分、秒、微秒等信息的函数。

year（x）函数、month（x）函数、dayofmonth（x）函数、hour（x）函数、minute（x）函数、second（x）函数以及 microsecond（x）函数分别用于获取日期时间 x 的年、月、日、时、分、秒、微秒等信息。

另外 MySQL 还提供了 extract（type from x）函数用于获取日期时间 x 的年、月、日、时、分、秒、微秒等信息，其中 type 可以分别指定为 year、month、day、hour、minute、second、microsecond。

（2）获取月份、星期等信息的函数。

monthname（x）函数用于获取日期时间 x 的月份信息。dayname（x）函数与 weekday（x）

函数用于获取日期时间 x 的星期信息；dayofweek（x）函数用于获取日期时间 x 是本星期的第几天（星期日为第一天，以此类推）。

（3）获取年度信息的函数。

quarter（x）函数用于获取日期时间 x 在本年是第几季度；week（x）函数与 weekofyear（x）函数用于获取日期时间 x 在本年是第几个星期；dayofyear（x）函数用于获取日期时间 x 在本年是第几天。

3. 时间和秒数之间的转换函数

time_to_sec（x）函数用于获取时间 x 在当天的秒数；sec_to_time（x）函数用于获取当天的秒数 x 对应的时间。

4. 日期间隔、时间间隔函数

（1）日期间隔函数。

to_days（x）函数用于计算日期 x 距离 0000 年 1 月 1 日的天数；from_days（x）函数用于计算从 0000 年 1 月 1 日开始 n 天后的日期；

datediff（x1，x2）函数用于计算日期 x1 与 x2 之间的相隔天数；adddate（d，n）函数返回起始日期 d 加上 n 天的日期；subdate（d，n）函数返回起始日期 d 减去 n 天的日期。

（2）时间间隔函数。

addtime（t，n）函数返回起始时间 t 加上 n 秒的时间；subtime（t，n）函数返回起始时间 t 减去 n 秒的时间。

（3）计算指定日期指定间隔的日期函数。

date_add（date，interval 间隔 间隔类型）函数返回指定日期 date 指定间隔的日期。

说明：interval 是时间间隔关键字，间隔可以为正数或者负数（建议使用两个单引号括起来）如表 6.4 所示。

表 6.4　日期间隔函数

间隔类型	说明	格式
microsecond	微秒	间隔微秒数
second	秒	间隔秒数
minute	分钟	间隔分钟数
hour	小时	间隔小时数
day	天	间隔天数
week	星期	间隔星期数
moth	月	间隔月数
quarter	季度	间隔季度数
year	黏	间隔年数
second microsecond	秒和微秒	秒.微秒
minute_microsecond	分钟和微秒	分钟：秒.微秒
minute second	分钟和秒	分钟：秒.
hour microsecond	小时和微秒	小时：分钟：秒.微秒

间隔类型	说明	格式
hour_second	小时和秒	小时：分钟：秒
hour_minute	小时和分钟	小时：分钟
day microsecond	日期和微秒	天 小时：分钟：秒：微秒
day_second	日期和秒	天 小时：分钟：秒
day_minute	日期和分钟	天 小时：分钟
day_hour	日期和小时	天 小时
year_month	年和月	年_月（下划线）

5. 日期和时间格式化函数

（1）时间格式化函数。

time_format（t，f）函数按照表达式 f 的要求显示时间 t，表达式 f 中定义了时间的显示格式，显示格式以%开头，如表 6.5 所示。

表 6.5 时间格式化函数

格式	说明
%H	小时（00……23）
%K	小时（00……23）
%h	小时（01……12）
%I	小时（01……12）
%l	小时（1……12）
%i	分钟，数字（00^59）
%r	时间，12 小时（hh：mm：ss[AP]M）
%T	时间，24 小时（hh：mm：ss）
%S	秒（00……59）
%s	秒（00……59）
%p	AM 或 PM

（2）日期和时间格式化函数。

date_format（d，f）函数按照表达式 f 的要求显示日期和时间 t，表达式 f 中定义了日期和时间的显示格式，显示格式以%开头，如表 6.6 所示。

表 6.6 日期和时间格式化函数

格式	说明
%W	星期名字（Sunday……Saturday）
%D	有英语前缀的月份的日期（1st，2nd，3rd，等等）
%Y	年，数字，4 位
%y	年，数字，2 位
%a	缩写的星期名字（Sun……Sat）

格式	说明
%d	月份中的天数，数字（00……31）
%e	月份中的天数，数字（0……31）
%m	月，数字（01……12）
%c	月，数字（1……12）
%b	缩写的月份名字（Jan……Dec）
%j	一年中的天数（001……366）
%w	一个星期中的天数（0=Sunday……6=Saturday）
%U	星期（0……52），这里星期天是星期的第一天
%u	星期（0……52），这里星期一是星期的第一天
%%	一个文字"%"

6.3.8 其他常用的 MySQL 函数

1. 获得当前 MySQL 会话最后一次自增字段值

last_insert_id（）函数返回当前 MySQL 会话最后一次 insert 或 update 语句设置的自增字段值。

last_insert_id（）函数的返回结果遵循一定的原则：

（1）last_insert_id（）函数仅仅用于获取当前 MySQL 会话时 insert 或 update 语句设置的自增字段值，该函数的返回值与系统会话变量 @@last_insert_id 的值一致。

（2）自增字段值如果是数据库用户自己指定，而不是自动生成，那么 last_insert_id（）函数的返回值为 0。

（3）假如使用一条 insert 语句插入多行记录，last_insert_id（）函数只返回第一条记录的自增字段值。

（4）last_insert_id（）函数与表无关。如果向表 A 插入数据后再向表 B 插入数据，last_insert_id（）函数返回表 B 的自增字段值。

2. IP 地址与整数相互转换函数

inet_aton（ip）函数用于将 IP 地址（字符串数据）转换为整数；inet_ntoa（n）函数用于将整数转换为 IP 地址（字符串数据）。

3. 基准值函数

benchmark（n，expression）函数将表达式 expression 重复执行 n 次，返回结果为 0。

4. uuid（）函数

uuid（）函数可以生成一个 128 位的通用唯一识别码 UUID（Universally Unique Identifier）。

UUID 码由 5 个段构成，其中前 3 个段与服务器主机的时间有关（精确到微秒）；第 4 段是一个随机数，在当前的 MySQL 服务实例中该随机数不会变化，除非重启 MySQL 服务；第 5 段是通过网卡 MAC 地址转换得到，同一台 MySQL 服务器运行多个 MySQL 服务实例时，该值相等。

6.4 用户自定义函数

函数可以看做是一个"加工作坊"，这个"加工作坊"接收"调用者"传递过来的"原料"（实际上是函数的参数），然后将这些"原料""加工处理"成"产品"（实际上是函数的返回值），再把"产品"返回给"调用者"。

存储函数也是过程式对象，与存储过程很相似。它们都是由 SQL 和过程式语句组成的代码片断，并且可以从应用程序和 SQL 中调用。然而，它们也有一些区别：

- 存储函数不能拥有输出参数，因为存储函数本身就是输出参数。
- 不能用 CALL 语句来调用存储函数。
- 存储函数必须包含一条 RETURN 语句，而这条特殊的 SQL 语句不允许包含于存储过程中。

6.4.1 创建自定义函数的语法格式

create function 函数名（参数 1，参数 2，…）
returns 返回值的数据类型
[函数选项]
begin
　　函数体；
　　return 语句；
end；
函数选项由以下一种或几种选项组合而成。
language sql
| [not] deterministic
| { contains sql | no sql | reads sql data | modifies sql data }
| sql security { definer | invoker }
| comment '注释'
说明：

language sql：默认选项，用于说明函数体使用 SQL 语言编写。

deterministic（确定性）：当函数返回不确定值时，该选项是为了防止"复制"时的不一致性。如果函数总是对同样的输入参数产生同样的结果，则被认为它是"确定的"，否则就是"不确定"的。例如，函数返回系统当前的时间，返回值是不确定的。如果既没有给定 deterministic，也没有给定 not deterministic，默认的就是 not deterministic。

contains sql：表示函数体中不包含读或写数据的语句（例如 set 命令等）。

no sql：表示函数体中不包含 SQL 语句。

reads sql data：表示函数体中包含 select 查询语句，但不包含更新语句。

modifies sql data：表示函数体包含更新语句。如果上述选项没有明确指定，默认是 contains sql。

sql security：用于指定函数的执行许可。

definer：表示该函数只能由创建者调用。

invoker：表示该函数可以被其他数据库用户调用。默认值是 definer。

comment：为函数添加功能说明等注释信息。

简化的用户自定义函数格式：

create function 函数名（变量名 数据类型）

returns 返回值数据类型

begin

函数体

return 表达式

end

1. 顺序结构

【例 6.1】创建一个存储函数，返回某个学生的姓名。

```
DELIMITER ？
CREATE FUNCTION NAME_OF_STU（XH CHAR（6））
RETURNS CHAR（8）
BEGIN
    RETURN（SELECT 姓名 FROM XSB WHERE 学号=XH）;
END？
DELIMITER；
```

存储函数创建完后可使用 SELECT 关键字调用。例如，调用上例中的存储函数，可以使用以下语句：

SELECT NAME_OF_STU（'081102'）;

若要删除存储函数，可以使用"DROP FUNCTION"语句。例如：

DROP FUNCTION NAME_OF_STU;

上例中"DELIMITER？"的作用是修改 mysql 中命令语句结束标识符，其示例如图 6.8 所示。

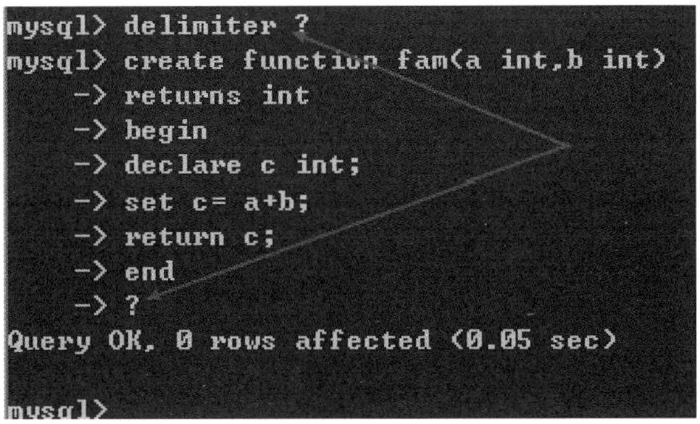

```
mysql> delimiter ?
mysql> create function fam(a int,b int)
    -> returns int
    -> begin
    -> declare c int;
    -> set c= a+b;
    -> return c;
    -> end
    -> ?
Query OK, 0 rows affected (0.05 sec)

mysql>
```

图 6.8　修改 mysql 中命令语句结束标识符

【例 6.2】创建一个用户函数 fam（），求任意两整数之和。

（1）创建存储函数。

create function fam（a int，b int）

returns int

```
begin
declare c int；
set c= a+b；
return c；
end
?
```
（2）函数的调用。

```
select 函数名（实参）
select fam（2，7）?
```
执行结果如图 6.9 所示。

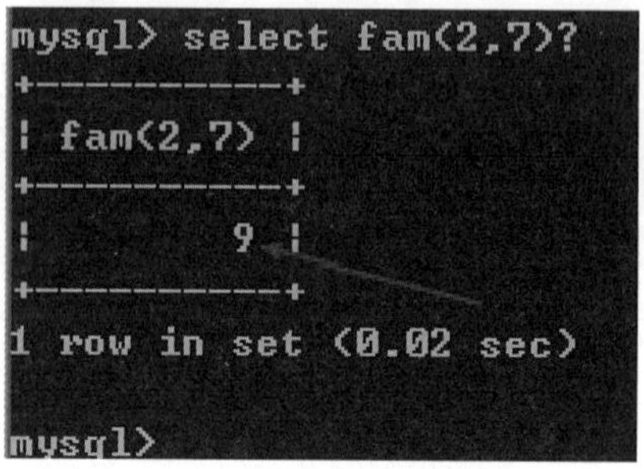

图 6.9　函数调用结果

【例 6.3】创建一个用户函数 sea（），求任意三角形的面积，S=0.5*a*h。

（1）创建用户函数。

```
create function sea（a decimal（8，2），h decimal（8，2））
returns decimal（8，2）
begin
declare s decimal（8，2）；
set s=1.0/2*a*h；
return s；
end
?
```

（2）调用函数：

```
select sea（5.685，3.62）?
```

执行结果如图 6.10 所示。

【例 6.4】函数中利用系统函数解决问题。执行如下代码：

```
create function sayHello（user_name varchar（10））
returns varchar（20）
begin
return concat（'hello，'，user_name）；
end
```

调用函数：

```
select sayHello（'陶贵平'）；
```

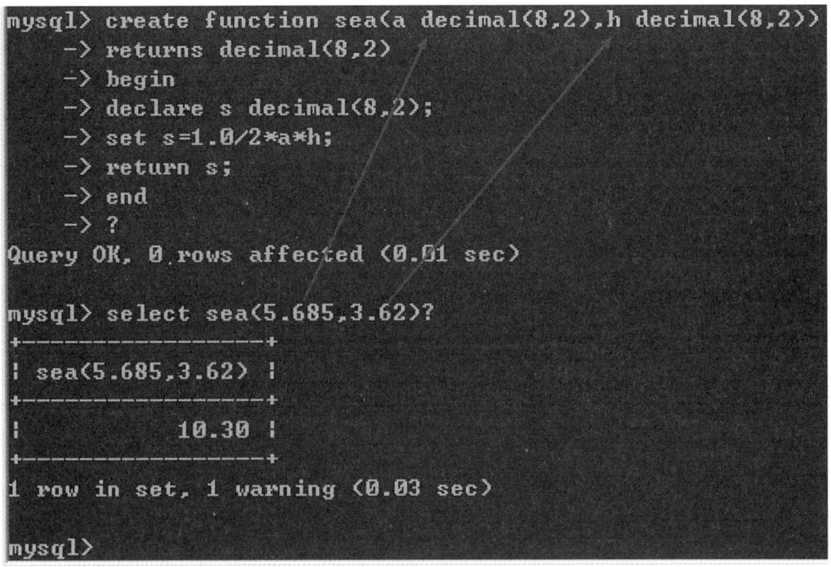

图 6.10 函数调用的参数传递

【例 6.5】建立一自定义函数，能随机产生三字姓名。

create function sqname（）

returns char（3）

begin

declare first_name char（16）default '赵钱孙李周吴郑王冯陈诸卫蒋沈韩杨';

declare mid_name char（8）default '大小多少山石土田';

declare last_name char（5）default '甲乙丙丁戊';

declare full_name char（3）；

set full_name = concat（substring（first_name，floor（rand（）*16+1），1），substring（mid_name，floor（rand（）*8+1），1），substring（last_name，floor（rand（）*5+1），1））；

return full_name；

end?

select sqname（）?

执行结果如图 6.11 所示。

【例 6.6】随机产生四位验证码，验证码由大小写字母和阿拉伯数字组成。

create function yzm（）

returns char（4）

begin

declare　　　　　first_name　　　　char（62）　　　　default 'abcdefghijklmnopqrstuvwxyzABCDEFGHIJKLMNOPQRSTUVWXYZ0123456789';

declare　　　　　mid_name　　　char（62）　　　　default 'abcdefghijklmnopqrstuvwxyzABCDEFGHIJKLMNOPQRSTUVWXYZ0123456789';

declare　　　　　third_name　　　char（62）　　　　default 'abcdefghijklmnopqrstuvwxyzABCDEFGHIJKLMNOPQRSTUVWXYZ0123456789';

图 6.11　随机产生三字姓名

declare　　　　　　last_name　　　　　　char（62）　　　　　　default 'abcdefghijklmnopqrstuvwxyzABCDEFGHIJKLMNOPQRSTUVWXYZ0123456789';

declare　　　　　　full_name　　　　　　char（4）;

set full_name = concat(substring(first_name, floor(rand（ ）*62+1）, 1）, substring(mid_name, floor(rand（ ）*62+1）, 1）, substring(third_name, floor(rand（ ）*62+1）, 1）, substring(last_name, floor（ rand（ ）*62+1）, 1））;

return full_name;

end

select yzm（ ）?

执行结果如图 6.12 所示。

图 6.12　随机产生四位验证码

2. if 条件控制语句

条件控制语句分为两种：一种是 if 语句；另一种是 case 语句。

if 语句根据条件表达式的值确定执行不同的语句块。if 语句的用法格式如下：

if 条件表达式 1 then 语句块 1；

[elseif 条件表达式 2　then 语句块 2] ...

[else 语句块 n]

end if；

说明：end if 后必须以"；"结束。

扫行原理：

if 条件 1 满足　then

执行语句 1

else if 条件 2 满足　then

执行语句 2

...

else

上面的条件都不满足，

执行语句 n

end if；

if 条件控制流程如图 6.13 所示。

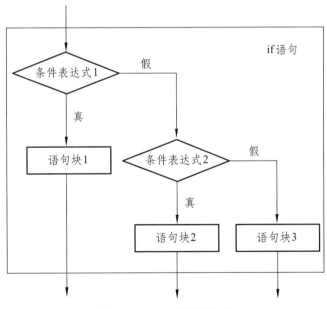

图 6.13　if 条件控制流程

【例 6.7】利用时间函数和分支结构解决问题。执行如下代码段：

```
create function ffunc（）
returns varchar（20）
begin
```

```
if hour（now（ ））>=11    then
return '晚';
else
return '早';
end if;
end
```

调用函数：

```
select ffunc（ ）;
```

执行结果如图 6.14 所示。

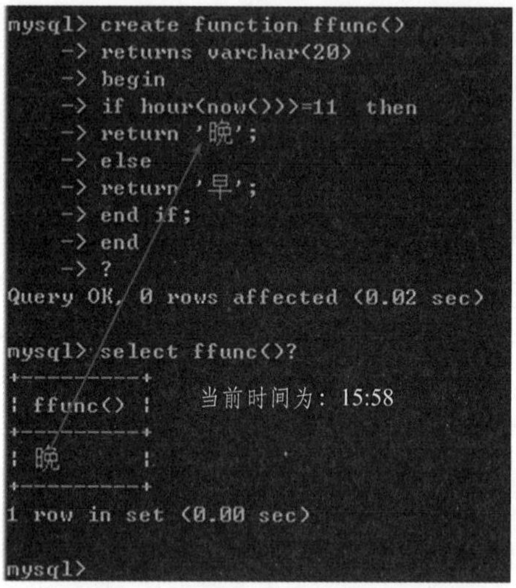

图 6.14　if 条件控制执行结果

【例 6.8】利用时间函数和 if 结构嵌套解决问题。执行如下代码：

```
create function func1（ ）
returns varchar（20）
begin
if hour（now（ ））>=17 then
return '晚';
else if hour（now（ ））>=9 then
return '中';
else
return '早';
end if;
end if;
end
```

调用函数：

```
select func1（ ）
```

【例 6.9】利用系统函数和 if 嵌套解决问题。调试如下代码：

```
CREATE FUNCTION    cutString（s VARCHAR（255），n INT）
```

```
RETURNS varchar（255）
BEGIN
IF（ISNULL（s））THEN RETURN '';
ELSE IF CHAR_LENGTH（s）<n THEN RETURN s;
ELSE IF CHAR_LENGTH（S）=n THEN RETURN '相等';
ELSE RETURN CONCAT（LEFT（s，n），'sgq123'）;
END IF;
END IF;
END IF;
END
```

调用函数：

```
SELECT cutString（'abcdefghijklmnopqrstuvwxyz'，5）;
```

执行结果如图 6.15 所示。

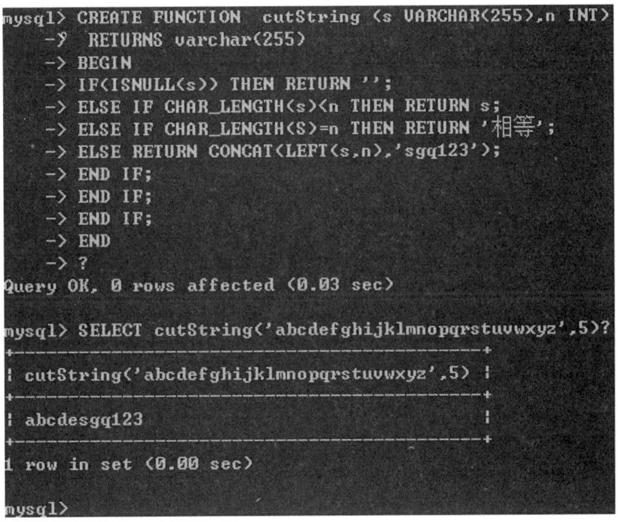

```
mysql> CREATE FUNCTION  cutString (s VARCHAR(255),n INT)
    -> RETURNS varchar(255)
    -> BEGIN
    -> IF(ISNULL(s)) THEN RETURN '';
    -> ELSE IF CHAR_LENGTH(s)<n THEN RETURN s;
    -> ELSE IF CHAR_LENGTH(S)=n THEN RETURN '相等';
    -> ELSE RETURN CONCAT(LEFT(s,n),'sgq123');
    -> END IF;
    -> END IF;
    -> END IF;
    -> END
    -> ?
Query OK, 0 rows affected (0.03 sec)

mysql> SELECT cutString('abcdefghijklmnopqrstuvwxyz',5)?
+-----------------------------------------+
| cutString('abcdefghijklmnopqrstuvwxyz',5) |
+-----------------------------------------+
| abcdesgq123                             |
+-----------------------------------------+
1 row in set (0.00 sec)

mysql>
```

图 6.15　if 嵌套函数

3. case 多分支语句

case 语句用于实现比 if 语句分支更为复杂的条件判断。case 语句的语法格式如下：

说明：MySQL 中的 case 语句与 C 语言、Java 语言等高级程序设计语言不同。在高级程序设计语言中，每个 case 的分支需使用“break”跳出，而 MySQL 无需使用“break”语句。

```
case 表达式
when value1 then   语句块 1;
when value2 then   语句块 2;
…
else 语句块 n;
end case;
```

执行流程如图 6.16 所示。

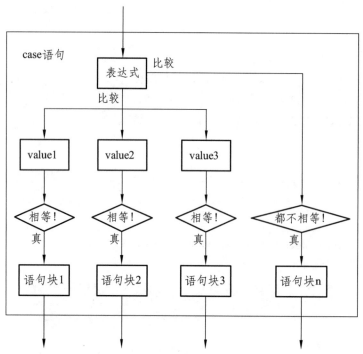

图 6.16　case 多分支语句执行流程

【例 6.10】利用多分支 case 语句与函数解决问题。执行如下代码：

```
CREATE FUNCTION grade_sw（score INT）RETURNS VARCHAR（30）
BEGIN
DECLARE consult INT；
DECLARE grade VARCHAR（30）；
IF（score >= 0）THEN
SET consult = score div 10；
CASE consult
WHEN 10 THEN
SET grade = 'A'；
WHEN 9 THEN
SET grade = 'A'；
WHEN 8 THEN
SET grade ='B'；
WHEN 7 THEN
SET grade = 'C'；
WHEN 6 THEN
SET grade ='D'；
WHEN 5 THEN
SET grade = 'E'；
WHEN 4 THEN
SET grade = 'E'；
```

```
WHEN 3 THEN
SET grade = 'E';
WHEN 2 THEN
SET grade = 'E';
WHEN 1 THEN
SET grade = 'E';
WHEN 0 THEN
SET grade = 'E';
ELSE
SET grade = 'Score is error!';
END CASE;
ELSE SET grade = 'Score is error!';
END IF;
return grade;
END
```

4. 循环语句

MySQL 提供了三种循环语句，分别是 while、repeat 以及 loop。除此以外，MySQL 还提供了 iterate 语句以及 leave 语句用于循环的内部控制。

（1）while 语句。

当条件表达式的值为 true 时，反复执行循环体，直到条件表达式的值为 false。while 语句的语法格式如下：

[循环标签：]while 条件表达式 do

循环体；

end while [循环标签]；

说明：end while 后必须以"；"结束，执行流程如图 6.17 所示。

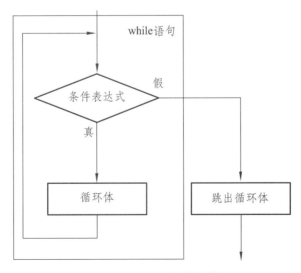

图 6.17　while 语句执行流程

（2）leave 语句。

leave 语句用于跳出当前的循环语句（例如 while 语句）。语法格式如下：

leave 循环标签；

说明：leave 循环标签后必须以";"结束。

（3）iterate 语句。

iterate 语句用于跳出本次循环，继而进行下次循环。iterate 语句的语法格式如下：

iterate 循环标签；

说明：iterate 循环标签后必须以";"结束。

（4）repeat 语句。

当条件表达式的值为 false 时，反复执行循环，直到条件表达式的值为 true。repeat 语句的语法格式如下：

[循环标签：]repeat

循环体；

until 条件表达式

end repeat [循环标签]；

说明：end repeat 后必须以";"结束。

（5）loop 语句。

由于 loop 循环语句本身没有停止循环的语句，因此 loop 通常使用 leave 语句跳出 loop 循环。loop 的语法格式如下：

[循环标签：] loop

循环体；

if 条件表达式 then

leave [循环标签]；

end if；

end loop；

说明：end loop 后必须以";"结束。

【例 6.11】自定义函数中使用循环语句。用循环结构编写函数 gsdl，求 1+2+3+...+99+100 的和。

```
create function gsdl（n int）
returns int
begin
declare i int;
declare sums int;
   set i=1;
   set sums=0;
   while i<=n do
     set sums=sums+i;
   set i=i+1;
   end while;
   return sums;
```

```
end
?
select gsdl（100）?
```
调用结果如图 6.18 所示。

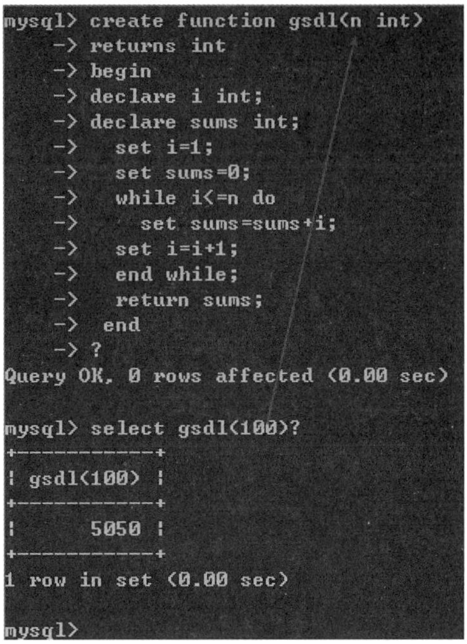

图 6.18　用自定义函数求 1+2+3+....+99+100 的和

6.4.2　函数的维护

函数的维护包括查看函数的定义、修改函数的定义以及删除函数的定义等。

1.　查看函数的定义

（1）查看当前数据库中所有的自定义函数信息，可以使用 MySQL 命令"show function status;"。如果自定义函数较多，使用 MySQL 命令"show function status like 模式;"可以进行模糊查询。

（2）查看指定数据库（例如 choose 数据库）中的所有自定义函数名，可以使用下面的 SQL 语句：

select name from mysql.proc where db = 'choose' and type = 'function';

（3）使用 MySQL 命令"show create function 函数名;"可以查看指定函数名的详细信息。例如，查看 get_name_fn（）函数的详细信息，可以使用"show create function get_name_fn（）";

（4）函数的信息都保存在 information_schema 数据库中的 routines 表中，可以使用 select 语句检索 routines 表，查询函数的相关信息，如下：

select * from information_schema.routines where routine_name='get_name_fn'\G

2.　函数定义的修改

由于函数保存的仅仅是函数体，而函数体实际上是一些 MySQL 表达式，因此函数自身不保存任何用户数据。当函数的函数体需要更改时，可以使用 drop function 语句暂时将函数的定义删除，然后使用 create function 语句重新创建相同名字的函数即可。这种方法对于存储过程、视图、触发器的修改同样适用。

修改存函数是指修改已经定义好的函数。MySQL 中通过 ALTER FUNCTION 语句来修改存储函数，其语法形式如下：

ALTER　FUNCTION sp_name [characteristic ...]

characteristic：

{ CONTAINS SQL | NO SQL | READS SQL DATA | MODIFIES SQL DATA }

| SQL SECURITY { DEFINER | INVOKER }

| COMMENT 'string'

其中，sp_name 参数表示存储过程或函数的名称；

characteristic 参数指定存储函数的特性。

CONTAINS SQL 表示子程序包含 SQL 语句，但不包含读或写数据的语句；

NO SQL 表示子程序中不包含 SQL 语句；

READS SQL DATA 表示子程序中包含读数据的语句；

MODIFIES SQL DATA 表示子程序中包含写数据的语句。

SQL SECURITY { DEFINER | INVOKER }指明谁有权限来执行。

DEFINER 表示只有定义者自己才能够执行；

INVOKER 表示调用者可以执行。

COMMENT 'string'是注释信息。

说明：① 修改存储过程使用 ALTER PROCEDURE 语句，修改存储函数使用 ALTER FUNCTION 语句。但是，这两个语句的结构是一样的，语句中的所有参数都是一样的。而且，它们与创建存储过程或函数的语句中的参数也是基本一样的。

② 修改存储过程和函数，只能修改它们的权限，目前 MYSQL 还不提供对已存在的存储过程和函数代码的修改。如果要修改，只能通过先 DROP 掉，然后重新建立新的存储过程和函数来实现。

下面修改存储函数 name_from_employee 的定义，将读写权限改为 READS SQL DATA，并加上注释信息'FIND NAME'。代码执行如下：

mysql> ALTER　FUNCTION　name_from_employee

　　-> READS SQL DATA

　　-> COMMENT 'FIND NAME';

3. 自定义函数的删除

删除函数语法格式如下：

drop function if exists function_name;

使用 MySQL 命令"drop function 函数名"删除自定义函数。例如，删除 get_name_fn（）函数可以使用"drop function get_name_fn;"。若要删除存储函数，可以使用 DROP FUNCTION 语句，例如：

DROP FUNCTION NAME_OF_STU;

6.5 小 结

本章主要介绍 MySQL 软件中关于函数的使用，以及利用流程控制结构创建自定义函数，函数的修改、查看和删除。在具体介绍这些操作时，结合了实际案例和代码，让读者更好地理解和接受。

通过本章的学习，读者不仅可以掌握函数的基本概念，还能够利用流程控制结构创建用户自定义函数，以根据自己需要，解决实际问题。

第7章　索引与视图

本章首先讲解了索引与视图的操作，在 MySQL 数据库中，数据库对象表是存储和操作数据的逻辑结构，而本章所要介绍的数据库对象索引则是一种有效组合数据的方式。同时，还详细介绍 MySQL 提供的一个新特性——视图（VIEW），通过对视图的操作，不仅可以实现查询的简化，而且还会提高安全性。

通过本章的学习，可以掌握以下知识：

- 索引的相关概念。
- 索引的基本操作：创建、查看和删除。
- 视图的相关概念。
- 视图的基本操作：创建、查看、更新和删除。

7.1　索　引

创建数据库表时，初学者通常仅仅关注该表有哪些字段、字段的数据类型及约束条件等信息，数据库表中另一个重要的概念"索引"很容易被忽视。

1. 理解索引

想象一下现代汉语词典的使用方法，理解索引的重要性。

（1）索引的本质是什么？

（2）MySQL 数据库中，数据是如何检索的？

（3）一个数据库表只能创建一个索引吗？

（4）什么是前缀索引？

（5）索引可以是字段的组合吗？

（6）能跨表创建索引吗？

（7）索引数据需要额外的存储空间吗？

（8）表中的哪些字段适合选作表的索引？什么是主索引？什么是聚簇索引？

（9）索引与数据结构是什么关系？

（10）索引非常重要，同一个表，表的索引越多越好吗？

2. 索引关键字的选取原则

索引的设计往往需要一定的技巧，掌握了这些技巧，可以确保索引能够大幅地提升数据检索效率，弥补索引在数据更新方面带来的缺陷。

原则 1：表的某个字段值离散度越高，该字段越适合选作索引的关键字。

原则 2：占用储存空间少的字段更适合选作索引的关键字。

原则 3：较频繁地作为 where 查询条件的字段应该创建索引，分组字段或者排序字段应该创建索引，两个表的连接字段应该创建索引。

原则 4：更新频繁的字段不适合创建索引，不会出现在 where 子句中的字段不应该创建索引。

原则 5：最左前缀原则。

原则 6：尽量使用前缀索引。

3. 索引与约束

约束主要用于保证业务逻辑操作数据库时数据的完整性；约束是逻辑层面的概念。索引则是将关键字数据以某种数据结构的方式存储到外存，用于提升数据的检索性能；索引既有逻辑上的概念，更是一种物理存储方式，且实际存在、需要耗费一定的储存空间。

4. 创建索引

创建索引的方法有两种。

方法一：创建表的同时创建索引，其语法格式如下：

create table 表名（

字段名 1 数据类型 [约束条件]，

…

[其他约束条件]，

…

[unique | fulltext] index [索引名]（ 字段名 [（长度）] [asc | desc] ）

）engine=存储引擎类型 default charset=字符集类型

例：

create table book（

isbn char（20）primary key，

name char（100）not null，

brief_introduction text not null，

price decimal（6，2），

publish_time date not null，

unique index isbn_unique（isbn），

index name_index（name（20）），

fulltext index brief_fulltext（name，brief_introduction），

index complex_index（price，publish_time）

）engine=MyISAM default charset=gbk；

方法二：在已有表上创建索引。

语法格式一：

create [unique | fulltext] index 索引名 on 表名（字段名 [（长度）] [asc | desc] ）

语法格式二：

alter table 表名 add [unique | fulltext] index 索引名（字段名 [（长度）] [asc | desc] ）

5. 删除索引

删除索引的语法格式如下：

drop index 索引名 on 表名

7.2　视　图

视图与表有很多相似的地方，视图也是由若干个字段以及若干条记录构成，视图也可以作为 select 语句的数据源。甚至在某些特定条件下，可以通过视图对表进行更新操作，如图7.1 所示。

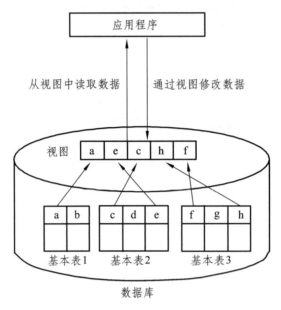

图 7.1　视图与表的关系

视图中保存的仅仅是一条 select 语句，视图中的源数据都来自于数据库表，数据库表称为基本表或者基表，视图称为虚表。

1. 视图的概念

视图与表（有时为了与视图区别，称表为基本表——Base Table）不同，视图是一个虚表，即视图所对应的数据不进行实际存储，数据库中只存储视图的定义，对视图的数据进行操作时，系统根据视图的定义去操作与视图相关联的基本表。

视图一经定义，就可以像表一样被查询、修改、删除和更新。使用视图有下列优点：

（1）为用户集中数据，简化用户的数据查询和处理。有时用户所需要的数据分散在多个表中，定义视图可将它们集中在一起，从而方便用户的数据查询和处理。

（2）屏蔽数据库的复杂性。用户不必了解复杂的数据库中的表结构，并且数据库表的更改也不影响用户对数据库的使用。

（3）简化用户权限的管理。只需授予用户使用视图的权限，而不必指定用户只能使用表的特定列，增加了安全性。

（4）便于数据共享。各用户不必都定义和存储自己所需的数据，可共享数据库的数据，这样同样的数据只需存储一次。

（5）可以重新组织数据以便输出到其他应用程序中。

2. 创建视图

视图在数据库中是作为一个对象来存储的。创建视图使用 CREATE VIEW 语句，基本的语法格式如下：

CREATE VIEW view_name [（column_list）]

   AS select_statement

  · view_name：视图名。

  · column_list：为视图的列定义明确的名称，可使用可选的 column_list 子句，列出由逗号隔开的列名。column_list 中的名称数目必须等于 SELECT 语句检索的列数。若使用与源表或视图中相同的列名时可以省略 column_list。

  · select_statement：用来创建视图的 SELECT 语句，可在 SELECT 语句中查询多个表或视图。

创建视图的语法格式简化如下：

create view 视图名 [（视图字段列表）]

as

select 语句

查询视图的语法格式为：

Select* from 视图名 where 条件

【例 7.1】创建 PXSCJ 数据库上的 CS_KC 视图，包括计算机专业各学生的学号、其选修的课程号及成绩。

USE PXSCJ

CREATE VIEW CS_KC

  AS

  SELECT XSB.学号，课程号，成绩

    FROM XSB，CJB

    WHERE XSB.学号 = CJB.学号 AND XSB.专业= '计算机'；

【例 7.2】创建 PXSCJ 数据库上的计算机专业学生的平均成绩视图 CS_KC_AVG，包括学号（在视图中列名为 num）和平均成绩（在视图中列名为 score_avg）。

CREATE VIEW CS_KC_AVG（num，score_avg）

  AS

  SELECT 学号，AVG（成绩）

    FROM CS_KC

    GROUP BY 学号；

视图定义后，就可以像查询基本表那样对视图进行查询。

【例 7.3】在视图 CS_KC 中查找计算机专业的学生学号和选修的课程号。

SELECT 学号，课程号

  FROM CS_KC；

【例 7.4】查找平均成绩在 80 分以上的学生的学号和平均成绩。

本例首先创建学生平均成绩视图 XS_KC_AVG，包括学号（在视图中列名为 num）和平均成绩（在视图中列名为 score_avg）。

创建学生平均成绩视图 XS_KC_AVG:

CREATE VIEW XS_KC_AVG（num，score_avg）

  AS

  SELECT 学号，AVG（成绩）

    FROM CJB

    GROUP BY 学号；

再对 XS_KC_AVG 视图进行查询。

SELECT *

  FROM XS_KC_AVG

  WHERE score_avg>=80；

查询结果如图 7.2 所示。

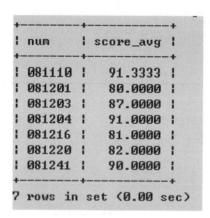

图 7.2　视图查询

3. 查看视图的定义

可以使用下面四种方法查看视图的定义。

（1）例如，在 choose 数据库中成功地创建了视图 available_course_view 后，该视图的定义默认保存在数据库目录（例如 choose 目录）下，文件名为 available_course_view.frm。使用记事本打开该文件，即可查看该视图的定义。

（2）视图是一个虚表，也可以使用查看表结构的方式查看视图的定义。

（3）MySQL 命令"show tables；"命令不仅显示当前数据库中所有的基表，也会将所有的视图罗列出来。

（4）MySQL 系统数据库 information_schema 的 views 表存储了所有视图的定义，使用下面的 select 语句查询该表的所有记录，也可以查看所有视图的详细信息。

select * from information_schema.views；

下面列出一些查看或修改视图信息的相关语句：

（1）查看视图名：

show tables；

（2）查看视图详细信息：

show table status[from 库名][LIKE "视图名"] \G

（3）查看视图定义信息：

show create view v_name；

（4）查看视图设计信息：

describe v_name；

（5）修改视图：

create or replace view v_name

as

select 子句；

或

alter view v_name

as

　select 子句

4. 视图的作用

（1）使操作变得简单。

（2）避免数据冗余。

（3）增强数据安全性。

（4）提高数据的逻辑独立性。

5. 删除视图

如果某个视图不再使用，可以使用 drop view 语句将该视图删除，语法格式如下：

DROP VIEW [IF EXISTS] view_name [，view_name] ...

其中 view_name 是视图名，声明了 IF EXISTS，若视图不存在的话，不会出现错误信息。使用 DROP VIEW 一次可删除多个视图。例如：

DROP VIEW CS_KC，XS_KC_AVG；

将删除视图 CS_KC 和 XS_KC_AVG。

6. 检查视图

视图分为普通视图与检查视图。通过检查视图更新基表数据时，只有满足检查条件的更新语句才能成功执行。创建检查视图的语法格式如下：

create view 视图名 [（视图字段列表）]

as

select 语句

with [local | cascaded] check option

检查视图分为 local 检查视图与 cascade 检查视图。

with_check_option 的值为 1 时表示 local（local 视图），值为 2 时表示 cascade（级联视图，在视图的基础上再次创建另一个视图）。

local 检查视图与 cascade 检查视图，如图 7.3 所示。

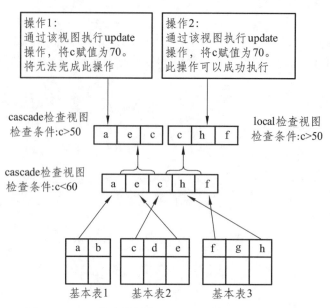

图 7.3 local 检查视图与 cascade 检查视图的区别

7.3 小 结

本章主要介绍 MySQL 软件关于索引和视图的操作,分别从数据库对象索引的基本概念和操作两方面介绍,详细讲解了普通索引、唯一索引、全文索引和多列索引的操作。在 MySQL 数据库管理系统中关于视图的操作,详细讲解了视图的创建、视图的查看、视图的删除、视图的修改和相关数据操作。

通过本章的学习,读者不仅掌握数据库对象索引和视图的基本概念,而且还会对索引和视图进行各种熟练操作。

第8章 MySQL中触发器与存储过程

在MySQL数据库中，数据库对象是存储和操作数据的逻辑结构，而本章所要介绍的数据库对象触发器则用来实现由一些表事件触发的某个操作，是与数据库对象表关联最紧密的数据库对象之一。存储过程实现将一组SQL代码当做一个整体来执行，主要的操作包含存储过程的创建、修改、删除和调用，这些操作是数据库管理中最基本、最重要的操作。

通过本章的学习，主要掌握如下内容：

- 触发器的相关概念；
- 触发器的基本操作：创建、查看和删除触发器；
- 存储过程的相关概念；
- 存储过程的基本操作：创建、查看、更新、删除和调用。

8.1 触发器

简单地说，触发器就是一张表发生了某件事（插入、删除、更新操作）后，自动触发了预先编写好的若干条SQL语句的执行。触发器是一种特殊的事务，它监听增删改操作，并触发增删改操作。主要是用来处理一些比较复杂的业务逻辑以保证数据的联动性。其包含四个要素：监视地点（table）；监视事件（insert/update/delete）；触发时间（after/before）；触发事件（insert/update/delete）。

触发器的特点是触发事件的操作和触发器里的SQL语句是一个事务操作，具有原子性，要么全部执行，要么都不执行。其作用是保证数据的完整性，起到约束的作用。

触发器主要用于监视某个表的insert、update以及delete等更新操作，这些操作可以分别激活该表的insert、update或者delete类型的触发程序运行，从而实现数据的自动维护，如图8.1所示。

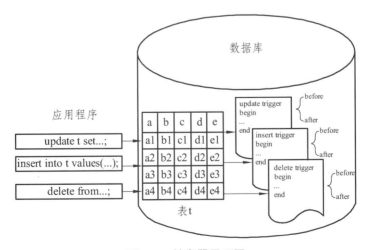

图8.1 触发器原理图

8.1.1 触发器的创建与测试

创建触发器的语法格式如下：

CREATE TRIGGER 触发器名 触发时间 触发事件 ON 表名 FOR EACH ROW

BEGIN

触发程序

END

MySQL 的触发事件有三种：

➢ INSERT：将新记录插入表时激活触发程序，例如通过 insert、load data 和 replace 语句，可以激活触发程序运行。

➢ UPDATE：更改某一行记录时激活触发程序，例如通过 update 语句，可以激活触发程序运行。

➢ DELETE：从表中删除某一行记录时激活触发程序，例如通过 delete 和 replace 语句，可以激活触发程序运行。

触发器的触发时间有两种：BEFORE 与 AFTER，以表示触发器是在激活它的语句之前还是之后触发。

➢ BEFORE 表示在触发事件发生之前执行触发程序。

➢ AFTER 表示在触发事件发生之后执行触发程序。

因此，严格意义上讲，一个数据库表最多可以设置六种类型的触发器。

"触发地点"（表名）：与触发器相关的表名，在该表上发生触发事件才会激活触发器。同一个表不能拥有两个具有相同触发时刻和事件的触发器。

触发器动作：包含触发器激活时将要执行的语句。如果要执行多个语句，可使用 BEGIN ... END 复合语句结构。

➢ FOR EACH ROW 表示行级触发器：FOR EACH ROW 用来标识触发器的类型，目前 MySQL 仅支持行级触发器，不支持语句级别的触发器（例如 CREATE TABLE 等语句）。FOR EACH ROW 表示更新（INSERT、UPDATE 或者 DELETE）操作影响的每一条记录都会执行一次触发程序。

触发程序中可以使用 OLD 关键字与 NEW 关键字。

对于 INSERT 语句，只有 NEW 是合法的；对于 DELETE 语句，只有 OLD 是合法的；而 UPDATE 语句可以与 NEW 或 OLD 同时使用。

• 当向表插入新记录时，在触发程序中可以使用 new 关键字表示新记录，当需要访问新记录的某个字段值时，可以使用"NEW.字段名"的方式访问。

• 当从表中删除某条旧记录时，在触发程序中可以使用 OLD 关键字表示旧记录，当需要访问旧记录的某个字段值时，可以使用"OLD.字段名"的方式访问。

• 当修改表的某条记录时，在触发程序中可以使用 OLD 关键字表示修改前的旧记录、使用 NEW 关键字表示修改后的新记录。当需要访问旧记录的某个字段值时，可以使用"OLD.字段名"的方式访问。当需要访问修改后的新记录的某个字段值时，可以使用"NEW.字段名"的方式访问。

• OLD 记录是只读的，可以引用它，但不能更改它。在 BEFORE 触发程序中，可使用"SET

NEW.COL_NAME = VALUE"更改 NEW 记录的值。

【例 8.1】创建 user 和 user_history 表，以及三个触发器 tri_insert_user、tri_update_user、tri_delete_user，分别对应 user 表的增、删、改三个事件。

（1）创建 user 表。

```
CREATE TABLE    user （
    id bigint（20）NOT NULL AUTO_INCREMENT，
    account varchar（255）DEFAULT NULL，
    name varchar（255）DEFAULT NULL，
    address varchar（255）DEFAULT NULL，
    PRIMARY KEY（id）
 ）ENGINE=InnoDB DEFAULT CHARSET=utf8；
```

（2）创建对 user 表操作历史表 user_history。

```
CREATE TABLE user_history（
    id bigint（20）NOT NULL AUTO_INCREMENT，
    user_id bigint（20）NOT NULL，
    operatetype varchar（200）NOT NULL，
    operatetime datetime NOT NULL，
    PRIMARY KEY（id）
 ）ENGINE=InnoDB DEFAULT CHARSET=utf8；
```

（3）创建 user 表插入事件对应的触发器 tri_insert_user，当向表 user 中添加一条记录时，user_history 表被触发，自动产生 new.id，增加新用户，记录插入用户的当前时间。

```
CREATE TRIGGER tri_insert_user AFTER INSERT ON user FOR EACH ROW begin
INSERT INTO user_history（user_id，operatetype，operatetime）VALUES（new.id，'add a user'，now（））;
End
```

执行结果如图 8.2 所示。

```
mysql> CREATE TRIGGER tri_insert_user AFTER INSERT ON user FOR EACH ROW begin
    ->        INSERT INTO user_history(user_id, operatetype, operatetime) VALUES (n
ew.id, 'add a user', now());
    -> end
    -> ?
Query OK, 0 rows affected (0.16 sec)
```

图 8.2   插入触发器的创建

（4）创建 user 表更新事件对应的触发器 tri_update_user。

```
CREATE TRIGGER tri_update_user AFTER UPDATE ON user FOR EACH ROW begin
INSERT INTO user_history（user_id，operatetype，operatetime）VALUES（new.id，'update a user'，now（））;
End
```

执行结果如图 8.3 所示。

```
mysql> CREATE TRIGGER tri_update_user AFTER UPDATE ON user FOR EACH ROW begin
    ->       INSERT INTO user_history(user_id,operatetype, operatetime) VALUES (ne
w.id, 'update a user', now());
    -> end
    -> ?
Query OK, 0 rows affected (0.05 sec)
```

图 8.3　更新触发器的创建

（5）创建 user 表删除事件对应的触发器 tri_delete_user。

CREATE TRIGGER tri_delete_user AFTER DELETE

ON user FOR EACH ROW

begin

INSERT INTO user_history（user_id，operatetype，operatetime）VALUES（old.id，'delete
a user'，now（））；

End

执行结果如图 8.4 所示。

```
mysql> CREATE TRIGGER tri_delete_user AFTER DELETE ON user FOR EACH ROW begin
    ->       INSERT INTO user_history(user_id, operatetype, operatetime) VALUES (o
ld.id, 'delete a user', now());
    -> end
    -> ?
Query OK, 0 rows affected (0.04 sec)
```

图 8.4　删除触发器的创建

（6）至此，全部表及触发器创建完成，开始验证结果。分别做插入、修改、删除事件，执行以下语句，观察 user_history 是否自动产生操作记录。

INSERT INTO user（account，name，address）VALUES（'user1'，'user1'，'user1'）；

INSERT INTO user（account，name，address）VALUES（'user2'，'user2'，'user2'）；

执行结果如图 8.5 所示。

```
mysql> INSERT INTO user(account, name, address) VALUES ('user1', 'user1', 'user1
')?
Query OK, 1 row affected (0.11 sec)

mysql> INSERT INTO user(account, name, address) VALUES ('user2', 'user2', 'user2
')?
Query OK, 1 row affected (0.04 sec)
```

图 8.5　向 user 表中插入记录

select *　from user_history；

执行结果如图 8.6 所示。

```
mysql> select *    from user_history?
+----+---------+--------------+---------------------+
| id | user_id | operatetype  | operatetime         |
+----+---------+--------------+---------------------+
| 1  |       1 | add a user   | 2017-11-24 15:17:47 |
| 2  |       2 | add a user   | 2017-11-24 15:18:16 |
+----+---------+--------------+---------------------+
2 rows in set (0.02 sec)
```

图 8.6　插入触发器生效后对表 user_history 产生影响后的记录

UPDATE user SET name = 'user3'，account = 'user3'，address='user3' where name='user1';

执行结果如图 8.7 所示。

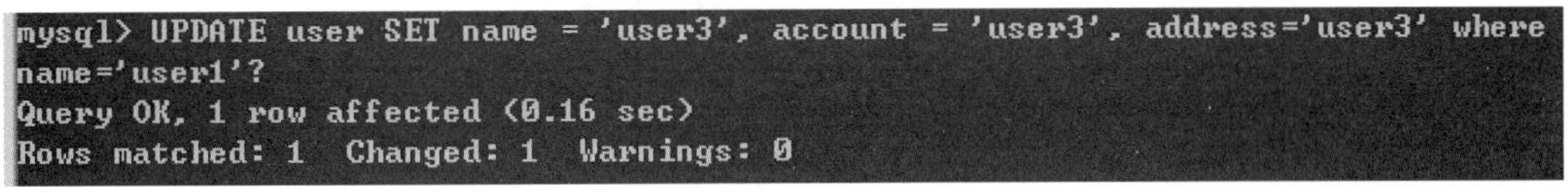

```
mysql> UPDATE user SET name = 'user3', account = 'user3', address='user3' where
name='user1'?
Query OK, 1 row affected (0.16 sec)
Rows matched: 1  Changed: 1  Warnings: 0
```

图 8.7　更新 user 表中的数据

select *　　from user_history；

执行结果如图 8.8 所示。

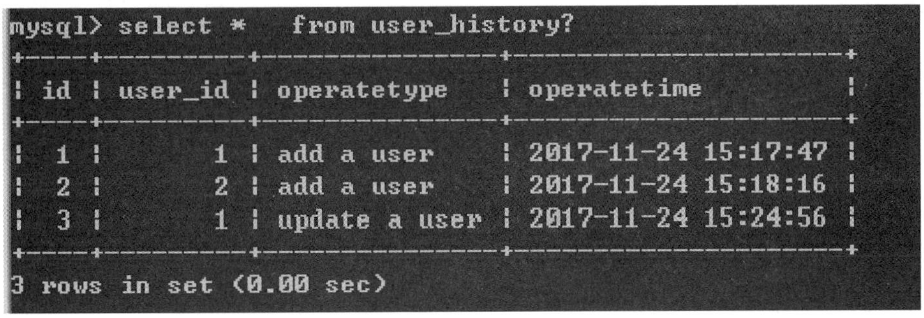

```
mysql> select *    from user_history?
+----+---------+--------------+---------------------+
| id | user_id | operatetype  | operatetime         |
+----+---------+--------------+---------------------+
| 1  |       1 | add a user   | 2017-11-24 15:17:47 |
| 2  |       2 | add a user   | 2017-11-24 15:18:16 |
| 3  |       1 | update a user| 2017-11-24 15:24:56 |
+----+---------+--------------+---------------------+
3 rows in set (0.00 sec)
```

图 8.8　更新触发器生效后对表 user_history 产生影响后的记录

DELETE FROM　user where name = 'user2';

执行结果如图 8.9 所示。

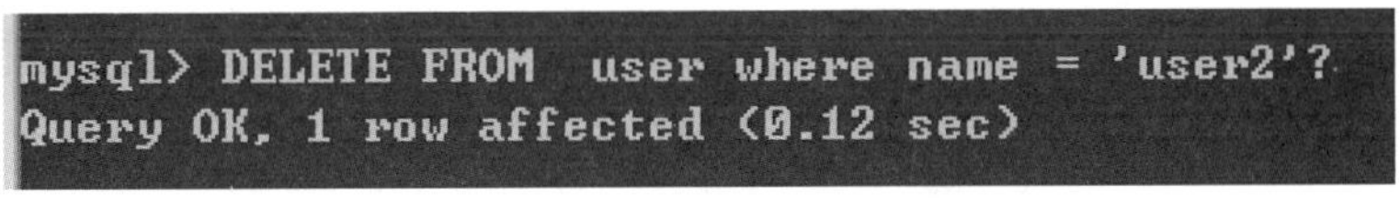

```
mysql> DELETE FROM  user where name = 'user2'?
Query OK, 1 row affected (0.12 sec)
```

图 8.9　删除 user 表中的数据

select *　　from user_history；

执行结果如图 8.10 所示。

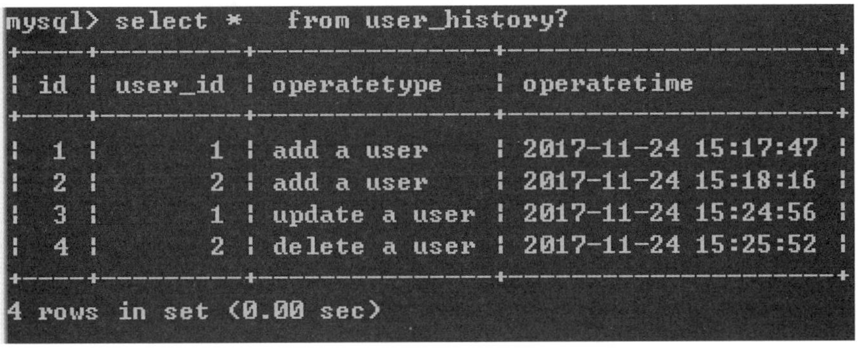

```
mysql> select *    from user_history?
+----+---------+--------------+---------------------+
| id | user_id | operatetype  | operatetime         |
+----+---------+--------------+---------------------+
| 1  |       1 | add a user   | 2017-11-24 15:17:47 |
| 2  |       2 | add a user   | 2017-11-24 15:18:16 |
| 3  |       1 | update a user| 2017-11-24 15:24:56 |
| 4  |       2 | delete a user| 2017-11-24 15:25:52 |
+----+---------+--------------+---------------------+
4 rows in set (0.00 sec)
```

图 8.10　删除触发器生效后对表 user_history 产生影响后的记录

【例 8.2】触发器示例。

（1）创建用户表 uuser。

CREATE TABLE　uuser（

Id　int（11）NOT NULL auto_increment　COMMENT　'用户 ID',
name varchar（50）NOT NULL default ''　COMMENT　'名称',
sex　int（1）NOT NULL default '0' COMMENT '0 为男，1 为女',
PRIMARY KEY（id）
）ENGINE=MyISAM　DEFAULT CHARSET=utf8;
执行结果如图 8.11 所示。

```
mysql> CREATE TABLE  uuser (
    -> Id  int(11) NOT NULL auto_increment  COMMENT  '用户ID',
    -> name varchar(50) NOT NULL default ''  COMMENT  '名称',
    -> sex  int(1) NOT NULL default '0' COMMENT '0为男,1为女',
    -> PRIMARY KEY  (id)
    -> ) ENGINE=MyISAM  DEFAULT CHARSET=utf8 ;
    -> ?
Query OK, 0 rows affected (0.02 sec)
```

图 8.11　创建表 uuser

INSERT　INTO uuser（　name，sex）VALUES
（'张映'，0），
（'tank'，0）;
执行结果如图 8.12、8.13 所示。

```
mysql> INSERT  INTO uuser ( name,sex) VALUES
    -> ('张映', 0),
    -> ('tank', 0)
    -> ?
Query OK, 2 rows affected (0.00 sec)
Records: 2  Duplicates: 0  Warnings: 0
```

图 8.12　向表 uuser 插入记录

```
mysql> select *  from uuser?
+----+------+-----+
| Id | name | sex |
+----+------+-----+
|  1 | 张映 |   0 |
|  2 | tank |   0 |
+----+------+-----+
2 rows in set (0.00 sec)
```

图 8.13　uuser 表中记录

（2）创建评论表 comment。
CREATE TABLE　comment（
c_id int（11）NOT NULL auto_increment COMMENT　'评论 ID',
u_id int（11）NOT NULL COMMENT '用户 ID',
name varchar（50）NOT NULL default '' COMMENT '用户名称',
content varchar（1000）NOT NULL default '' COMMENT '评论内容',

PRIMARY KEY（c_id）

）ENGINE=MyISAM　DEFAULT CHARSET=utf8；

执行结果如图 8.14 所示。

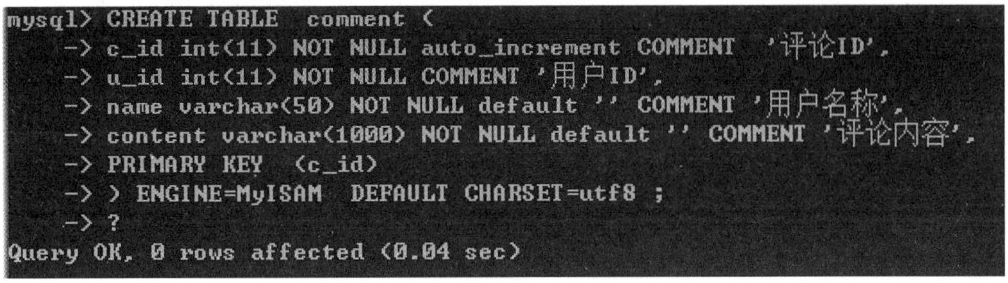

图 8.14　创建表 comment

INSERT INTO comment（c_id，u_id，name，content）VALUES

（1，1，'张映'，'触发器测试'），

（2，1，'张映'，'解决字段冗余'），

（3，2，'tank'，'使代码更简单'）；

执行结果如图 8.15、8.16 所示。

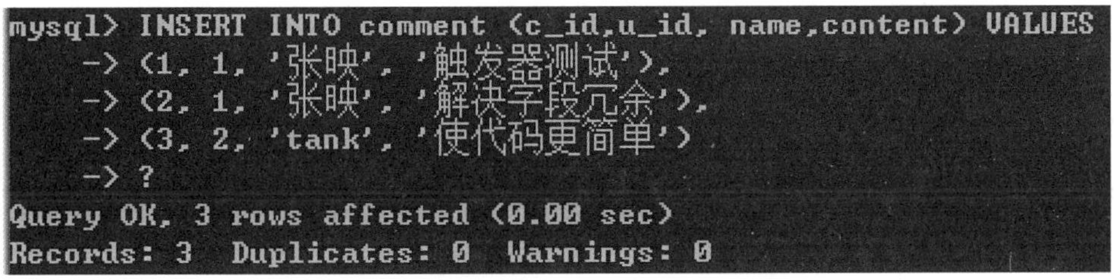

图 8.15　向表 comment 插入记录

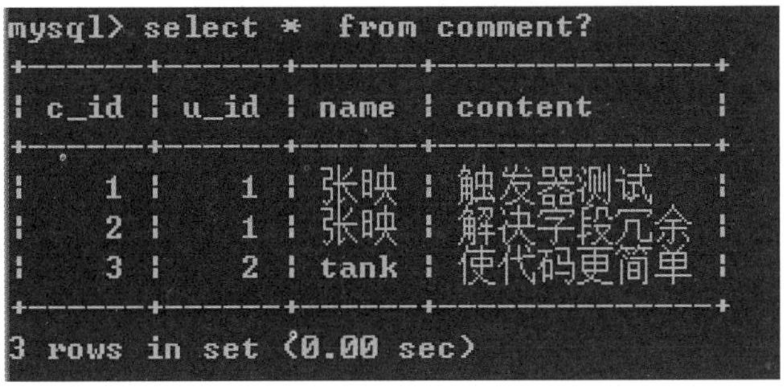

图 8.16　comment 表中记录

（3）更新 name 触发器。

create trigger updatename after update on uuser for each row　　//建立触发器，

begin

//old，new 都是代表当前操作的记录行，将其当成表名也行；

if new.name!=old.name then　　//当表中用户名称发生变化时，执行

update comment set comment.name=new.name where comment.u_id=old.id；

end if；

end

执行结果如图 8.17 所示。

```
mysql> create trigger updatename after update on uuser for each row
    -> begin
    -> if new.name!=old.name then
    -> update comment set comment.name=new.name where comment.u_id=old.id;
    -> end if;
    -> end
    -> ?
Query OK, 0 rows affected (0.03 sec)
```

图 8.17 创建更新触发器

（4）触发器删除 comment 数据。

create trigger deletecomment before delete on uuser for each row

begin

delete from comment where comment.u_id=old.id;

end

执行结果如图 8.18 所示。

```
mysql> create trigger deletecomment before delete on uuser for each row
    -> begin
    -> delete from comment where comment.u_id=old.id;
    -> end
    -> ?
Query OK, 0 rows affected (0.06 sec)
```

图 8.18 创建删除触发器

（5）测试 update 触发器。

update uuser set name='苍鹰' where id = 1;

执行结果如图 8.19 所示。图 8.20 显示了 comment 表在更新触发器生效前后记录的变化。

```
mysql> update uuser set name='苍鹰'  where id = 1?
Query OK, 1 row affected (0.01 sec)
Rows matched: 1  Changed: 1  Warnings: 0
```

图 8.19 更新操作

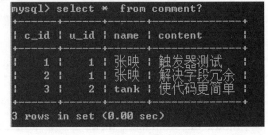

（a）更新触发器生效后　　　　　　　　　　（b）更新触发器生效前

图 8.20 更新触发器生效前后记录对比

（6）测试 delete 触发器。

delete from   uuser   where id = 1；

执行结果如图 8.21 所示。图 8.22 显示了 comment 表在删除触发器生效前后记录的变化。

图 8.21　删除操作

（a）删除触发器生效后　　　　　　　　　　（b）删除触发器生效前

图 8.22　删除触发器生效前后记录对比

8.1.2　查看触发器

可以使用下面 4 种方法查看触发器信息。

（1）可以使用 SHOW TRIGGERS 语句查看触发器信息。

SHOW TRIGGERS；

（2）在 INFORMATION_SCHEMA 数据库中的 TRIGGERS 表中查询触发器信息。

SELECT TRIGGER_NAME ， EVENT_MANIPULATION FROM information_schema.
TRIGGERS WHERE TRIGGER_NAME like 'tri_%_user'

执行结果如图 8.23 所示。

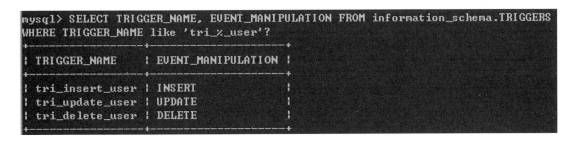

图 8.23　在 TRIGGERS 表中查看已有触发器

（3）使用"show create trigger"命令可以查看某一个触发器的信息。

例如，使用"show create trigger organization_delete_before_trigger\G"命令可以查看触发器 organization_delete_before_trigger 的信息。

（4）成功创建触发器后，MySQL 自动在数据库目录下创建 TRN 以及 TRG 触发器文件，以记事本方式打开这些文件，可以查看触发器的信息。

8.1.3 删除触发器

使用 DROP TRIGGER 语句可以删除 MySQL 中已经定义的触发器，删除触发器的基本语法格式下：

DROP TRIGGER [schema_name.]trigger_name

【例 8.3】创建一个触发器，当删除表 XSB 中某个学生的信息时，同时将 CJB 表中与该学生有关的数据全部删除。

```
DELIMITER $$
CREATE TRIGGER XS_DELETE AFTER DELETE
    ON XSB FOR EACH ROW
BEGIN
    DELETE FROM CJB WHERE 学号=OLD.学号;
END$$
DELIMITER;
```

现在验证一下触发器的功能：

DELETE FROM XSB WHERE 学号='081101';

使用 SELECT 语句查看 CJB 表中的情况：

SELECT * FROM CJB;

删除触发器也是使用 DROP 语句，例如：

DROP TRIGGER XS_DELETE;

8.1.4 使用触发器实现检查约束

前面曾经提到，MySQL 可以使用复合数据类型 set 或者 enum 对字段的取值范围进行检查约束，使用复合数据类型可以实现离散的字符串数据的检查约束，对于数值型的数不建议使用 set 或者 enum 实现检查约束，可以使用触发器实现。

1. 使用触发器维护冗余数据

冗余的数据需要额外的维护，维护冗余数据时，为了避免数据不一致问题的发生（例如：剩余的学生名额+已选学生人数≠课程的人数上限），冗余的数据应该尽量避免交由人工维护，建议冗余的数据交由应用系统（例如触发器）自动维护。

2. 使用触发器模拟外键级联选项

对于 InnoDB 存储引擎的表而言，由于支持外键约束，在定义外键约束时，通过设置外键的级联选项 cascade、set null 或者 no action（restrict），外键约束关系可以交由 InnoDB 存储引擎自动维护。

8.1.5　使用触发器的 10 条注意事项

（1）触发程序中如果包含 select 语句，该 select 语句不能返回结果集。

（2）同一个表不能创建两个相同触发时间、触发事件的触发程序。

（3）触发程序中不能使用以显式或隐式方式打开、开始或结束事务的语句，如 start transaction、commit、rollback 或者 set autocommit=0 等语句。

（4）MySQL 触发器针对记录进行操作，当批量更新数据时，引入触发器会导致更新操作性能降低。

（5）在 MyISAM 存储引擎中，触发器不能保证原子性。InnoDB 存储引擎支持事务，使用触发器可以保证更新操作与触发程序的原子性，此时触发程序和更新操作是在同一个事务中完成。

（6）InnoDB 存储引擎实现外键约束关系时，建议使用级联选项维护外键数据；MyISAM 存储引擎虽然不支持外键约束关系，但可以使用触发器实现级联修改和级联删除，进而维护"外键"数据，模拟实现外键约束关系。

（7）使用触发器维护 InnoDB 外键约束的级联选项时，数据库开发人员究竟应该选择 after 触发器还是 before 触发器？答案是应该首先维护子表的数据，然后再维护父表的数据，否则可能会出现错误。

（8）MySQL 的触发程序不能对本表进行更新语句（例如 update 语句）。触发程序中的更新操作可以直接使用 set 命令替代，否则可能会出现错误信息，甚至陷入死循环。

（9）在 before 触发程序中，auto_increment 字段的 new 值为 0，不是实际插入新记录时自动生成的自增型字段值。

（10）添加触发器后，建议对其进行详细的测试，测试通过后再决定是否使用该触发器。

8.2　临时表

按照 MySQL 临时表的存储位置可以将其分为内存临时表（in-memory）和外存临时表（on-disk）。按照临时表的创建时机可以将其分为自动创建的临时表以及手动创建的临时表。

1. 临时表的创建、查看与删除

（1）手动创建临时表。

手动创建临时表很容易，给正常的 CREATE TABLE 语句加上 TEMPORARY 关键字即可。

（2）查看临时表的定义可以使用 MySQL 语句"SHOW CREATE TABLE 临时表名；"。

（3）断开 MySQL 服务器的连接，临时表的表结构定义文件以及表记录将被清除。使用 DROP 命令也可以删除临时表，语法格式如下：

DROP TEMPORARY TABLE 临时表表名；

2. 使用临时表的注意事项

使用存储程序可以实现表数据的复杂加工处理，有时需要将 SELECT 语句的查询结果集临时地保存到存储程序（例如函数、存储过程）的变量中，不过目前 MySQL 并不支持表类型变量。临时表可以模拟实现表类型变量的功能。使用临时表需要注意以下几点：

（1）临时表如果与基表重名，那么基表将被隐藏，除非删除临时表，基表才能被访问。

（2）Memory、MyISAM、Merge 或者 InnoDB 存储引擎的表都支持临时表。

（3）临时表不支持聚簇索引、触发器。

（4）SHOW TABLES 命令不会显示临时表的信息。

（5）不能用 RENAME 来重命名一个临时表。但可以使用 ALTER TABLE 重命名临时表。

（6）在同一条 SELECT 语句中，临时表只能引用一次。

例如下面的 SELECT 语句将抛出"ERROR 1137（HY000）：Can't reopen table：'t1'"错误信息。

select * from temp as t1，temp as t2；

3. 派生表（Derived Table）

派生表与视图一样，一般在 from 子句中使用，其语法格式如下：

….from（select 子句）派生表名….

派生表必须是一个有效的表，因此它必须遵守以下规则：

（1）每个派生表必须有自己的别名。

（2）派生表中的所有字段必须要有名称，字段名必须唯一。

4. 子查询、视图、临时表、派生表的区别

（1）子查询一般在主查询语句中的 where 子句或者 having 子句中使用。

（2）视图通常在主查询语句中的 from 子句中使用。视图本质上是一条 select 语句，执行的是某一个数据源某个字段的查询操作，如果视图的"主查询"语句是 update、delete 或者 insert 语句，且"主查询"语句执行了该数据源该字段的更新操作，那么主查询语句将出错。原因很简单，在对某个表的某个字段操作时，查询操作（select 语句）不能与更新操作（update、delete 或者 insert 语句）同时进行。

（3）与视图相似，临时表一般在 from 子句中使用。临时表与视图的区别在于：临时表本质上也是一条 select 语句，执行的是某一个数据源某个字段的查询操作，但由于临时表会先执行完毕，并且将查询结果集提前放到服务器内存。因此"临时表"的"主查询"语句（例如：update、delete 或者 insert 语句）执行字段的更新操作时，不会产生"ERROR 1443（HY000）"错误。

（4）派生表与临时表的功能基本相同，它们之间的最大区别在于生命周期不同。临时表如果是手工创建，那么临时表的生命周期在 MySQL 服务器连接过程中有效；而派生表的生命周期仅在本次 select 语句执行的过程中有效，本次 select 语句执行结束，派生表立即清除。因此，如果希望延长查询结果集的生命周期，可以选用临时表；反之亦然。

另外，通过视图虽然可以更新基表的数据，但本书并不建议这样做。原因在于：通过视图更新基表数据，并不会触发触发器的运行。

8.3 存储过程

存储过程可以看做是一个"加工作坊"，它接收"调用者"传递过来的"原料"（in 参数），然后将这些"原料""加工处理"成"产品"（存储过程的 out 参数或 inout 参数），再把"产品"

返回给"调用者"。本节主要讲解如何在 MySQL 中使用存储过程，并结合"选课系统"讲解存储过程在该系统中的应用。

使用存储过程的优点如下：

· 存储过程在服务器端运行，执行速度快。

· 存储过程执行一次后，其执行规划就驻留在高速缓冲存储器，在以后的操作中，只需从高速缓冲存储器中调用已编译好的二进制代码执行即可，提高了系统性能。

· 确保数据库的安全。使用存储过程可以完成所有数据库操作，并可通过编程方式控制上述操作对数据库信息访问的权限。

8.3.1 存储过程的使用

1. 创建存储过程

在开始创建存储过程之前，先介绍一个很实用的命令：DELIMITER 命令。

在 MySQL 中，服务器处理语句的时候是以分号为结束标志的。但是在创建存储过程的时候，存储过程体中可能包含多个 SQL 语句，每个 SQL 语句都是以分号为结尾的，这时服务器处理程序遇到第一个分号的时候就会认为程序结束，这肯定是不行的。所以这里使用 DELIMITER 命令将 MySQL 语句的结束标志修改为其他符号。例如：

DELIMITER $$

执行完这条命令后，程序结束的标志就换成两个美元符"$$"了。

要想恢复使用分号";"作为结束符，运行下面命令即可：

DELIMITER；

存储过程可以由声明式 SQL 语句（如 CREATE、UPDATE 和 SELECT 等语句）和过程式 SQL 语句（如 IF-THEN-ELSE 语句）组成。创建存储过程使用 CREATE PROCEDURE 语句，语法格式如下：

CREATE PROCEDURE 过程名（[proc_parameter]）

begin

过程体

end

proc_parameter 指定存储过程的参数列表，列表形式如下：

[IN|OUT|INOUT] param_name type

IN 代表输入参数（默认情况下为 IN 参数），表示该参数的值必须由调用程序指定；

OUT 代表输出参数，表示该参数的值经存储过程计算后，将 OUT 参数的计算结果返回给调用程序；

INOUT 代表即是输入参数，又是输出参数，表示该参数的值即可以由调用程序指定，又可以将 INOUT 参数的计算结果返回给调用程序。

param_name 表示参数名称；type 表示参数的类型，该类型可以是 MySQL 数据库中的任意类型。

例：CREATE PROCEDURE st_Proc（ ）

BEGIN

```
    SELECT *
FROM student
where dep='信工';
end
```

2. 调用存储过程

调用存储过程须使用 call 关键字，另外还要向存储过程传递 in 参数、out 参数或者 inout 参数，语法格式如下：

```
call 过程名（ ）;
例：call st_proc（ ）;
例如：
set @student_no = '2012001';
set @choose_number = 0;
call get_choose_number_proc（@student_no，@choose_number）;
select @choose_number;
```

存储过程 get_choose_number_proc（ ）中的 in 参数与 out 参数的数据类型都为整数，也可以将这两个参数简化为一个 inout 参数。

```
delimiter $$
create procedure get_choose_number1_proc（inout number int）
reads sql data
begin
select count（*）into number from choose where student_no=number;
end
$$
delimiter;
调用：
set @number = '2012001';
call get_choose_number1_proc（@number）;
select @number;
```

【例 8.4】创建一过程 xkstu，查询各选课学生的姓名，课程名，成绩。

```
create procedure xkstu（ ）
begin
    select sname，cname，grade
        from students，sc，course
    where students.sno=sc.sno
and sc.cno=course.cno;
end
```

【例 8.5】创建带一个输入参数的存储过程 yy，要求查询 XSCJ 库中指定专业的 students 表中的学生详情。

```
create procedure yy（in zym char（10））
    begin
select *
    from students
  where department=zym；
end
call yy（'软件'）；
```

【例 8.6】创建带两个输入参数的存储过程 aa，查询指定学生的姓名，指定课程名的成绩。

```
create procedure aa（in ssname char（10），in ccname char（10））
begin
select sname，cname，grade
    from students，sc，course
    where students.sno=sc.sno
and sc.cno=course.cno
and sname=ssname and cname=ccname；
end
call aa（'陶贵平'，'mysql'）；
```

【例 8.7】创建带输入、输出参数的存储过程并调用它。

```
mysql> CREATE PROCEDURE CountProc（IN sid INT，OUT num INT）
    BEGIN
    SELECT COUNT（*）INTO num FROM sc
WHERE cno=sid；
    END
```

调用：

```
CALL CountProc（101，@num）；
mysql> SELECT @num；
```

【例 8.8】创建一个过程 ttd，求指定学生的总成绩。

```
create procedure ttd（in ssname char（10），out toa int ）
begin
select sum（grade）into toa from students，sc
where students.sno=sc.sno and sname=ssname；
end
```

【例 8.9】创建一个过程 ttdd，求指定学生的总成绩，平均成绩。

```
create procedure ttd（in ssname char（10），out toa int，out agv int ）
begin
select sum（grade）into toa from students，sc
where students.sno=sc.sno and sname=ssname
select avg（grade）into agv from students，sc
where students.sno=sc.sno and sname=ssname
end
```

3. 流程控制语句

在 MySQL 中，常见的过程式 SQL 语句可以用在一个存储过程体中。例如：IF 语句、CASE 语句、WHILE 语句等。

（1）IF 语句。IF-THEN-ELSE 语句可根据不同的条件执行不同的操作。语法格式为：

IF search_condition THEN statement_list

[ELSEIF search_condition THEN statement_list] ...

[ELSE   statement_list]

END IF

说明：search_condition 是判断的条件，statement_list 中包含一个或多个 SQL 语句。当 search_condition 的条件为真时，就执行相应的 SQL 语句。

（2）CASE 语句。语法格式为：

CASE case_value

    WHEN when_value THEN statement_list

    [WHEN when_value THEN statement_list] ...

    [ELSE statement_list]

END CASE

或者：

CASE

    WHEN search_condition THEN statement_list

    [WHEN search_condition THEN statement_list] ...

    [ELSE statement_list]

END CASE

第一种格式中 case_value 是要被判断的值或表达式，接下来是一系列的 WHEN-THEN 块，每一块的 when_value 参数要与 case_value 值进行比较，如果为真，就执行 statement_list 中的 SQL 语句。如果前面的每一块都不匹配就执行 ELSE 块指定的语句。CASE 语句最后以 END CASE 结束。

第二种格式中 CASE 关键字后面没有参数，在 WHEN-THEN 块中，search_condition 指定了一个比较表达式，表达式为真时，执行 THEN 后面的语句。与第一种格式相比，这种格式能够实现更为复杂的条件判断，使用起来更方便。

（3）WHILE 语句。语法格式为：

WHILE search_condition DO

    statement_list

END WHILE

说明：语句首先判断 search_condition 是否为真，为真，则执行 statement_list 中的语句，然后再次进行判断，为真则继续循环，不为真则结束循环。

【例 8.10】创建一个存储过程，实现的功能是删除一个特定学生的信息。

DELIMITER $$

CREATE PROCEDURE DELETE_STUDENT（IN XH CHAR（6））

BEGIN

DELETE FROM XSB WHERE 学号=XH；

END $$

DELIMITER；

【例 8.11】创建一个存储过程，有两个输入参数 XH 和 KCM，要求当某学生某门课程的成绩小于 60 分时将备注修改为"有课程没过"，大于等于 60 分时将该成绩修改为 60 分。

DELIMITER $$

CREATE PROCEDURE DO_UPDATE（IN XH CHAR（6），IN KCM CHAR（16））

BEGIN

    DECLARE KCH CHAR（3）；

    DECLARE CJ TINYINT；

    SELECT 课程号 INTO KCH FROM KCB WHERE 课程名=KCM；

    SELECT 成绩 INTO CJ FROM CJB WHERE 学号=XH AND 课程号=KCH；

    IF CJ<60 THEN

        UPDATE XSB SET 备注='有课程没过' WHERE 学号=XH；

    ELSE

        UPDATE CJB SET 成绩=60 WHERE 学号=XH AND 课程号=KCH；

    END IF；

END$$

DELIMITER；

【例 8.12】创建存储过程，实现查询 XSB 表中学生人数的功能，该存储过程不带参数。

CREATE PROCEDURE DO_QUERY（）

    SELECT COUNT（*）FROM XSB GROUP BY 学号；

调用该存储过程：

CALL DO_QUERY（）；

查询结果如图 8.24 所示。

【例 8.13】假设例 8.10 中的存储过程已经创建，调用该存储过程。

CALL DELETE_STUDENT（'081101'）；

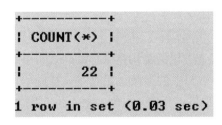

图 8.24　调用过程结果

4. 查看存储过程的定义

可以使用下面四种方法查看存储过程的定义、权限、字符集等信息。

（1）使用 show procedure status 命令查看存储过程的定义。

（2）查看某个数据库（例如 choose 数据库）中的所有存储过程名，可以使用下面的 SQL

语句：

　　select name from mysql.proc where db = 'choose' and type = 'procedure';

　　（3）使用 MySQL 命令"show create procedure 存储过程名;"可以查看指定数据库指定存储过程的详细信息。

　　例如：查看 get_choose_number_proc（）存储过程的详细信息，可以使用"show create procedure get_choose_number_proc\G"。

　　（4）存储过程的信息都保存在 information_schema 数据库中的 routines 表中，可以使用 select 语句查询存储过程的相关信息。

　　例如：下面的 SQL 语句查看的是 get_choose_number_proc（）存储过程的相关信息。

　　select * from information_schema.routines where routine_name= 'get_choose_number_proc'\G

5. 修改存储过程

　　修改存储过程是指修改已经定义好的存储过程。MySQL 中通过 ALTER PROCEDURE 语句来修改存储过程。通过 ALTER FUNCTION 语句来修改存储函数。

　　MySQL 中修改存储过程和函数的语法形式如下：

　　ALTER {PROCEDURE | FUNCTION} sp_name [characteristic ...]

　　characteristic：

　　{ CONTAINS SQL | NO SQL | READS SQL DATA | MODIFIES SQL DATA }

　　| SQL SECURITY { DEFINER | INVOKER }

　　| COMMENT 'string'

　　其中，sp_name 参数表示存储过程或函数的名称；

　　characteristic 参数指定存储函数的特性。

　　CONTAINS SQL 表示子程序包含 SQL 语句，但不包含读或写数据的语句；

　　NO SQL 表示子程序中不包含 SQL 语句；

　　READS SQL DATA 表示子程序中包含读数据的语句；

　　MODIFIES SQL DATA 表示子程序中包含写数据的语句。

　　SQL SECURITY { DEFINER | INVOKER }指明谁有权限来执行。DEFINER 表示只有定义者自己才能够执行；INVOKER 表示调用者可以执行。

　　COMMENT 'string'是注释信息。

　　说明：修改存储过程使用 ALTER PROCEDURE 语句，修改存储函数使用 ALTER FUNCTION 语句。但是，这两个语句的结构是一样的，语句中的所有参数都是一样的。而且，它们与创建存储过程或函数的语句中的参数也是基本一样的。

　　修改存储过程，只能修改他们的权限，目前 MySQL 还不提供对已存在的存储过程代码的修改，如果要修改，只能通过先 DROP 掉，然后重新建立新的存储过程来实现。

8.3.2　存储过程与函数的比较

　　（1）存储过程与函数之间的共同特点在于：

　　➢ 应用程序调用存储过程或者函数时，只需要提供存储过程名或者函数名，以及参数信息，无需将若干条 MySQL 命令或 SQL 语句发送到 MySQL 服务器，节省了网络开销。

➢ 存储过程或者函数可以重复使用，可以减少数据库开发人员，尤其是应用程序开发人员的工作量。

➢ 使用存储过程或者函数可以增强数据的安全访问控制，可以设定只有某些数据库用户才具有某些存储过程或者函数的执行权。

➢ 函数必须有且仅有一个返回值，且必须指定返回值数据类型（返回值类型目前仅仅支持字符串、数值类型）。存储过程可以没有返回值，也可以有返回值，甚至可以有多个返回值，所有的返回值需要使用 out 或者 inout 参数定义。

（2）存储过程与函数之间的不同之处在于：

➢ 函数体内可以使用 select...into 语句为某个变量赋值，但不能使用 select 语句返回结果（或者结果集）。存储过程则没有这方面的限制，存储过程甚至可以返回多个结果集。

➢ 函数可以直接嵌入到 SQL 语句（例如 select 语句中）或者 MySQL 表达式中，最重要的是函数可以用于扩展标准的 SQL 语句。存储过程一般需要单独调用，并不会嵌入到 SQL 语句中使用（例如 select 语句中），调用时需要使用 call 关键字。

➢ 函数中的函数体限制比较多，比如函数体内不能使用以显式或隐式方式打开、开始或结束事务的语句，如 start transaction、commit、rollback 或者 set autocommit=0 等语句；不能在函数体内使用预处理 SQL 语句（稍后讲解）。存储过程的限制相对就比较少，基本上所有的 SQL 语句或 MySQL 命令都可以在存储过程中使用。

➢ 应用程序（例如 Java、PHP 等应用程序）调用函数时，通常将函数封装到 SQL 字符串（例如 select 语句）中进行调用；应用程序（例如 Java、PHP 等应用程序）调用存储过程时，必须使用 call 关键字进行调用，如果应用程序希望获取存储过程的返回值，应用程序必须给存储过程的 out 参数或者 inout 参数传递 MySQL 会话变量，才能通过该会话变量获取存储过程的返回值。

8.4　错误触发条件和错误处理

默认情况下，存储程序运行过程中（例如存储过程或者函数）发生错误时，MySQL 将自动终止存储程序的执行。存储程序运行过程中发生错误时，数据库开发人员有时希望自己控制程序的运行流程，并不希望 MySQL 将自动终止存储程序的执行，MySQL 的错误处理机制可以帮助数据库开发人员自行控制程序流程。

1. 自定义错误处理程序

自定义错误处理程序时需要使用 declare 关键字，语法格式如下：

declare 错误处理类型 handler for 错误触发条件自定义错误处理程序；

错误处理类型的取值要么是 continue，要么是 exit。

当错误处理类型是 continue 时，表示错误发生后，MySQL 立即执行自定义错误处理程序，然后忽略该错误继续执行其他 MySQL 语句。

当错误处理类型是 exit 时，表示错误发生后，MySQL 立即执行自定义错误处理程序，然后立刻停止其他 MySQL 语句的执行。

错误触发条件：表示满足什么条件时，自定义错误处理程序开始运行，错误触发条件定义了自定义错误处理程序运行的时机。

错误触发条件有 3 种取值：MySQL 错误代码、ANSI 标准错误代码以及自定义错误触发条件。例如 1452 是 MySQL 错误代码，它对应于 ANSI 标准错误代码 23000，自定义错误触发条件稍后讲解。

自定义错误处理程序：错误发生后，MySQL 会立即执行自定义错误处理程序中的 MySQL 语句，自定义错误处理程序也可以是一个 begin-end 语句块。

2. 自定义错误触发条件

自定义错误触发条件允许数据库开发人员为 MySQL 错误代码或者 ANSI 标准错误代码命名，语法格式如下：

declare 错误触发条件 condition for MySQL 错误代码或者 ANSI 标准错误代码；

例如代码片段：

…

declare continue handler for 1452

begin

set @error1 = '外键约束错误!';

end；

…

可以替换成代码片段：

…

declare foreign_key_error condition for sqlstate '23000';

declare continue handler for foreign_key_error

begin

set @error1 = '外键约束错误!';

end；

…

3. 自定义错误处理程序说明

自定义错误触发条件以及自定义错误处理程序可以在触发器、函数以及存储过程中使用。

参与软件项目的多个数据库开发人员，如果每个人都自建一套错误触发条件以及错误处理程序，极易造成 MySQL 错误管理混乱。实际开发过程中，建议数据库开发人员建立清晰的错误处理规范，必要时可以将自定义错误触发条件、自定义错误处理程序封装在一个存储程序中。

8.5 存储程序说明

无论初学者还是有经验的数据库开发人员，都要对自己开发的存储程序进行严格的测试，并尽量保存测试步骤、测试数据以及测试结果。

与应用程序（Java 或者.NET 或者 PHP 等应用程序）相比，存储程序可维护性高，更新存储程序通常比更改、测试以及重新部署应用程序需要更少的时间和精力。

使用存储程序与使用大量离散的 SQL 语句写出的应用程序相比，更易于代码优化、重用和维护。

当然存储程序并不是神话，不能将所有的业务逻辑代码全部封装成存储程序，把业务处理的所有负担全部压在数据库服务器上。

事实上数据库服务器的核心任务是存储数据，保证数据的安全性、完整性以及一致性，如果数据库承担了过多业务逻辑方面的工作，势必会对数据库服务器的性能造成负面影响。

对于简单的业务逻辑，在不影响数据库性能的前提下，为了节省网络资源，可以将业务逻辑封装成存储程序。

对于较为复杂的业务逻辑，建议使用高级语言（Java 或者.NET 或者 PHP 等）实现，让应用服务器（例如 Apache、IIS 等）承担更多的业务逻辑，保持负载均衡。

8.6 小 结

本章介绍了在 MySQL 数据库管理系统中关于触发器和存储过程的操作，触发器的基本操作包含触发器的创建、触发器的查看和触发器的删除；存储过程的基本操作包含存储过程的创建、存储过程的查看、存储过程的更新、存储过程的删除和存储过程的调用。

通过本章的学习，读者不仅可以掌握数据库对象触发器和存储过程的基本概念，而且还可以对触发器和存储过程进行各种熟练操作。

第9章 游标和事务

在 MySQL 中提供了游标来实现逐条遍历查询结果中的记录集,相当于指针或者数组的下标。处理结果集的方法可以通过游标定位到结果集的某一行,从当前结果集的位置搜索一行或一部分行或者对结果集中的当前行进行数据修改。而对于事务,本章首先介绍了事务控制语句,然后介绍了事务的隔离级别,以及由于实现隔离级别而采取的锁机制。

通过本章的学习,掌握以下内容:

- 声明游标、打开游标、使用游标和关闭游标;
- 事务概述;
- 事务控制语句;
- 事务隔离级别;
- InnoDB 锁机制。

9.1 游 标

数据库开发人员编写存储过程(或者函数)等存储程序时,有时需要存储程序中的 MySQL 代码扫描 select 结果集中的数据,并对结果集中的每条记录进行简单处理,通过 MySQL 的游标机制可以解决此类问题。

1. 游标(cursor)的概念

个人觉得一个 cursor,就是一个标识,用来标识数据取到什么地方了。你也可以把它理解成数组中的下标。

2. 游标(cursor)的特性

(1)只读的,不能更新的。

(2)不滚动的。

(3)不敏感的,不敏感意为服务器可以或不可以复制它的结果表。

游标(cursor)必须在声明处理程序之前被声明,并且变量和条件必须在声明游标或处理程序之前被声明。

9.2 使用游标(cursor)

游标的使用可以概括为声明游标、打开游标、从游标中提取数据以及关闭游标,游标使用过程如图 9.1 所示。

1. 声明游标

声明游标需要使用 DECLARE 语句,其语法格式如下:

DECLARE 游标名 CURSOR FOR SELECT 语句

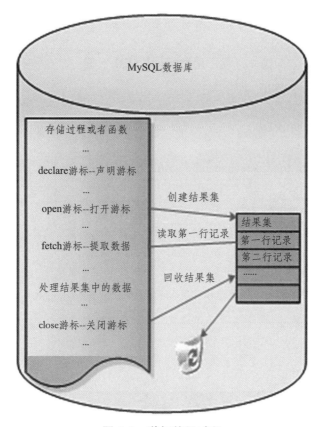

图 9.1　游标使用过程

　　使用 declare 语句声明游标后, 此时与该游标对应的 select 语句并没有执行, MySQL 服务器内存中并不存在与 select 语句对应的结果集。

　　这个语句声明一个游标, 也可以在子程序中声明多个游标, 但是一个块中的每一个游标必须有唯一的名字。声明游标后也是单条操作的, 但是不能用 SELECT 语句, 不能有 INTO 子句。

2. 打开游标

打开游标需要使用 OPEN 语句, 其语法格式如下:

OPEN　游标名

使用 OPEN 语句打开游标后, 与该游标对应的 select 语句将被执行, MySQL 服务器内存中将存放与 select 语句对应的结果集。这个语句打开先前声明的游标。

3. 从游标中提取数据

从游标中提取数据需要使用 FETCH 语句, 其语法格式如下:

FETCH *cursor_name*　INTO　var_name [, var_name] ...

这个语句用指定的打开游标读取下一行(如果有下一行的话), 并且前进游标指针。

4. 关闭游标

关闭游标需要使用 CLOSE 语句, 其语法格式如下:

CLOSE　cursor_name

这个语句关闭先前打开的游标。游标如果没有被明确地关闭，游标将在它被声明的 begin-end 语句块的末尾关闭。

【例 9.1】创建一个游标操作过程，用游标读取表中数据。

```
create procedure usecursor（ ）
begin
declare aname varchar（20）;
declare acj int;
declare cur_st cursor for（select sname，grade from student）;
open cur_st;
fetch  cur_st into aname，acj;
select aname，acj;
fetch  cur_st into aname，acj;
select aname，acj;
fetch  cur_st into aname，acj;
select aname，acj;
close cur_st;
end
```

执行结果如图 9.2 所示。

```
mysql> create procedure usecursor()
    -> begin
    -> declare anme varchar(20);
    -> declare acj int ;
    -> declare cur_st cursor for (select stname,cj from student);
    -> open cur_st;
    -> fetch cur_st into anme,acj;
    -> select anme,acj;
    -> fetch cur_st into anme,acj;
    -> select anme,acj;
    -> close cur_st;
    -> end?
Query OK, 0 rows affected (0.00 sec)
```

图 9.2 创建游标的过程

```
call usecursor（ ）;
```

调用结果如图 9.3 所示。

用循环结构结合游标逐行显示记录的代码如下：

```
create procedure usecursor1（ ）
begin
declare aname varchar（20）;
declare acj int;
declare stop int default 0;
declare cur_st cursor for（select stname，cj   from student）;
declare CONTINUE HANDLER FOR SQLSTATE '02000' SET stop = null;
```

图 9.3　游标执行结果

open cur_st;

fetch cur_st into aname，acj；

WHILE （ stop is not null） DO

select aname，acj；

fetch cur_st into aname，acj；

end while；

close cur_st；

end

执行结果如图 9.4 所示。

图 9.4　创建带循环结构游标的过程

call usecursor1（ ）；

调用结果如图 9.5 所示。

分析语句：declare CONTINUE HANDLER FOR SQLSTATE '02000' SET stop=null；

/*　mysql 不知道用什么异常加入判断？这把游标异常捕捉后，并设置循环使用变量 stop

为 null 跳出循环*/

02000 主要代表的意思可以理解为：

发生下述异常之一：

（1）SELECT INTO 语句或 INSERT 语句的子查询的结果为空表。

（2）在搜索 UPDATE 或 DELETE 语句内标识的行数为零。

（3）在 FETCH 语句中引用的游标位置处于结果表最后一行之后。

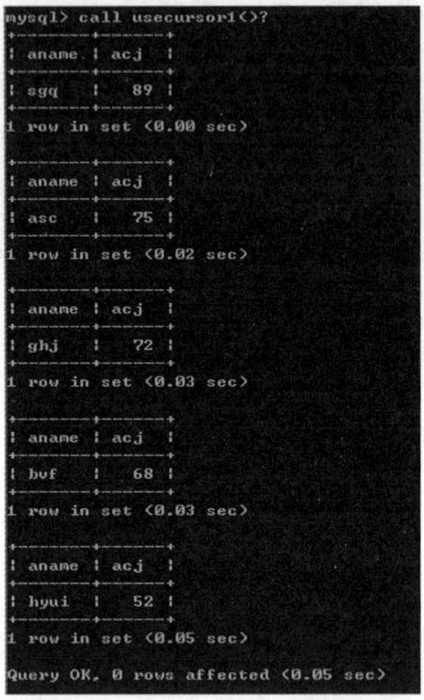

```
mysql> call usecursor1()?
+-------+------+
| aname | acj  |
+-------+------+
| sgq   |   89 |
+-------+------+
1 row in set (0.00 sec)

+-------+------+
| aname | acj  |
+-------+------+
| asc   |   75 |
+-------+------+
1 row in set (0.02 sec)

+-------+------+
| aname | acj  |
+-------+------+
| ghj   |   72 |
+-------+------+
1 row in set (0.03 sec)

+-------+------+
| aname | acj  |
+-------+------+
| bvf   |   68 |
+-------+------+
1 row in set (0.03 sec)

+-------+------+
| aname | acj  |
+-------+------+
| hyui  |   52 |
+-------+------+
1 row in set (0.05 sec)

Query OK, 0 rows affected (0.05 sec)
```

图 9.5 循环结构游标执行结果

9.3 预处理 SQL 语句

运行期间，如果 SQL 语句不能发生动态地变化，这种 SQL 语句称为静态 SQL 语句。运行期间，如果 SQL 语句或 SQL 所带的参数可以发生动态变化，这种 SQL 语句称为动态 SQL 语句或者预处理 SQL 语句 。

9.3.1 预处理 SQL 语句使用步骤

MySQL 支持预处理 SQL 语句，预处理 SQL 语句的使用主要包含三个步骤：创建预处理 SQL 语句、执行预处理 SQL 语句以及释放预处理 SQL 语句。

1. 创建预处理 SQL 语句

创建预处理 SQL 语句的语法格式如下：

prepare 预处理 SQL 语句名 from SQL 字符串

2. 执行预处理 SQL 语句

使用 execute 命令可以执行预处理 SQL 语句中定义的 SQL 语句，其语法格式如下：

execute 预处理名[using 填充数据[，填充数据...]]

3. 释放预处理 SQL 语句

当预处理 SQL 语句不再使用时，可以使用 deallocate 语句将该预处理 SQL 语句释放。其语法格式如下：

deallocate prepare 预处理名

9.3.2 静态 SQL 语句与预处理 SQL 语句

对于静态 SQL 语句而言，每次将其发送到 MySQL 服务实例时，MySQL 服务实例都会对其进行解析、执行，然后将执行结果返回给 MySQL 客户机。

对于预处理 SQL 语句而言，预处理 SQL 语句创建后，第一次运行预处理 SQL 语句时，MySQL 服务实例会对其解析，解析成功后，将其保存到 MySQL 服务器缓存中，为今后每一次执行做好准备（今后无需再次解析）。

对于某些 SQL 语句，如果满足"一次创建，多次执行"的条件，可以考虑将其封装为预处理 SQL 语句，发挥其"一次解析，多次执行"的性能优势。当然预处理 SQL 语句如果使用不当，也会导致性能下降，甚至不如静态 SQL 语句。

9.4 事务机制和锁机制

本节主要探讨了数据库中事务与锁机制的必要性，讲解了如何在数据库中使用事务与锁机制实现数据库的一致性以及并发性，并结合"选课系统"讲解事务与锁机制在该系统中的应用。

9.4.1 事务机制

事务通常包含一系列更新操作，这些更新操作是一个不可分割的逻辑工作单元。如果事务成功执行，那么该事务中所有的更新操作都会成功执行、并将执行结果提交到数据库文件中，成为数据库永久的组成部分。如果事务中某条更新操作执行失败，那么事务中的所有操作均被撤销。简言之：事务中的更新操作要么都执行，要么都不执行，这个特征叫做事务的原子性。

9.4.2 事务的四大特性（ACID）

事务的任务是保证一系列更新语句的原子性，锁的任务是解决并发访问可能导致的数据不一致问题。如果事务与事务之间存在并发操作，此时可以通过隔离级别实现事务的隔离性，从而实现数据的并发访问。示意图如图 9.6 所示。

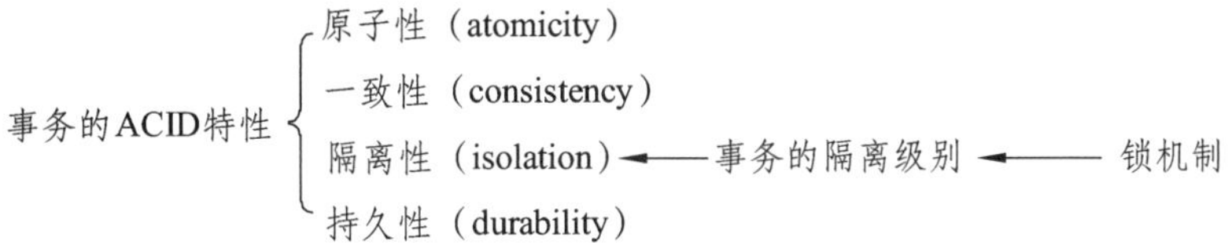

$$事务的ACID特性 \begin{cases} 原子性（atomicity） \\ 一致性（consistency） \\ 隔离性（isolation）\longleftarrow 事务的隔离级别 \longleftarrow 锁机制 \\ 持久性（durability） \end{cases}$$

图 9.6 事务的 ACID 特性

（1）原子性（atomicity）：一个事务必须视为一个不可分割的最小工作单元，整个事务中的所有操作要么全部提交成功，要么全部失败回滚，对于一个事务来说，不可能只执行其中的一部分操作，这就是事务的原子性。

（2）一致性（consistency）：数据库总数从一个一致性的状态转换到另一个一致性的状态。

（3）隔离性（isolation）：一个事务所做的修改在最终提交以前，对其他事务是不可见的。

（4）持久性（durability）：一旦事务提交，则其所做的修改就会永久保存到数据库中。此时即使系统崩溃，修改的数据也不会丢失。

【例 9.2】事务操作实例。

（1）创建表 test_1。

mysql> create table test_1（id int，username varchar（20））engine=innodb;

执行结果为图 9.7 所示。

```
mysql> create table test_1<id int,username varchar<20>> engine=innodb;
Query OK, 0 rows affected (1.97 sec)
```

图 9.7　创建表 test_1

（2）向表 test_1 插入记录。

mysql> insert into test_1 values(1 , 'petter'),(2 , 'aaa'),(3 , 'bob'),(4 , 'allen'),(5 , 'marno');

执行结果如图 9.8 所示。

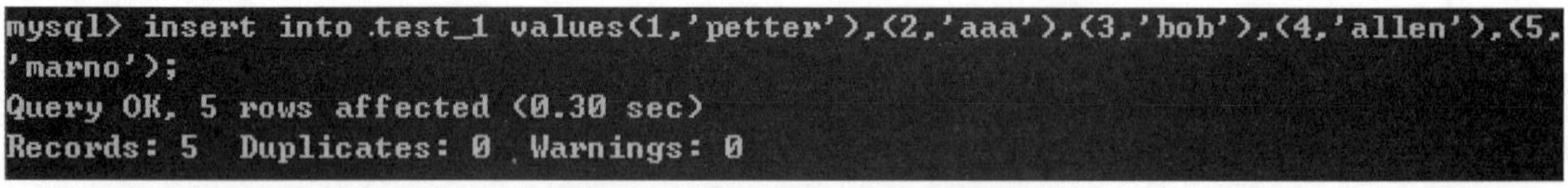

```
mysql> insert into test_1 values(1,'petter'),(2,'aaa'),(3,'bob'),(4,'allen'),(5,
'marno');
Query OK, 5 rows affected (0.30 sec)
Records: 5  Duplicates: 0  Warnings: 0
```

图 9.8　向表 test_1 插入记录

（3）查询表中的数据记录。

mysql>select *　from test_1;

执行结果如图 9.9 所示。

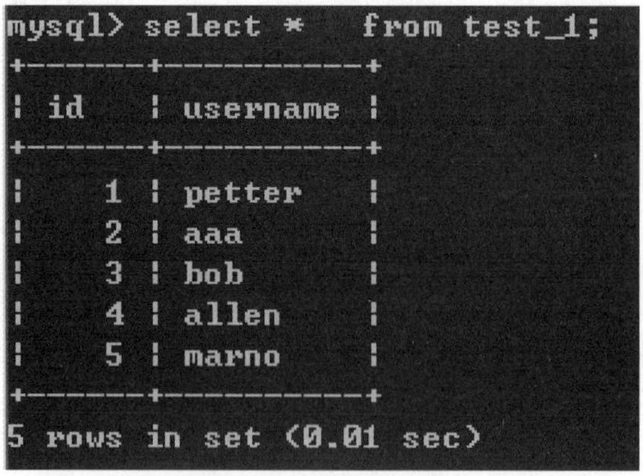

```
mysql> select *   from test_1;
+------+----------+
| id   | username |
+------+----------+
|    1 | petter   |
|    2 | aaa      |
|    3 | bob      |
|    4 | allen    |
|    5 | marno    |
+------+----------+
5 rows in set (0.01 sec)
```

图 9.9　查询结果

（4）开启一个事务。

mysql>begin;

执行结果如图 9.10 所示。

```
mysql> begin;
Query OK, 0 rows affected (0.02 sec)
```

图 9.10　成功开启事务

（5）更新一条记录。

mysql>update　test_1　set　username='sgq' where id=1；

执行结果如图 9.11 所示。

```
mysql> update test_1 set username='sgq' where id=1;
Query OK, 1 row affected (0.12 sec)
Rows matched: 1  Changed: 1  Warnings: 0
```

图 9.11　更新记录数据

（6）提交事务。

mysql>commit；

执行结果如图 9.12 所示。

```
mysql> commit;
Query OK, 0 rows affected (0.08 sec)
```

图 9.12　成功提交事务

（7）发现记录已经更改生效。

mysql>select *　　from test_1；

执行结果如图 9.13 所示。

```
mysql> select * from test_1;
+------+----------+
| id   | username |
+------+----------+
|    1 | sgq      |
|    2 | aaa      |
|    3 | bob      |
|    4 | allen    |
|    5 | marno    |
+------+----------+
5 rows in set (0.00 sec)
```

图 9.13　事务生效后的数据

（8）开启另一个事务。

mysql>begin；

执行结果如图 9.14 所示。

```
mysql> begin;
Query OK, 0 rows affected (0.00 sec)
```

图 9.14　成功开启另一个事务

（9）更新一条记录。

mysql>update　test_1　set　username='qqq' where id=1；

执行结果如图9.15所示。

```
mysql> update test_1 set username='qqq' where id=1;
Query OK, 1 row affected (0.04 sec)
Rows matched: 1  Changed: 1  Warnings: 0
```

图9.15　成功更新数据

（10）发现记录已经更改生效。

mysql>select *　　from test_1；

查看结果如图9.16所示。

```
mysql> select * from test_1;
+------+----------+
| id   | username |
+------+----------+
|    1 | qqq      |
|    2 | aaa      |
|    3 | bob      |
|    4 | allen    |
|    5 | marno    |
+------+----------+
5 rows in set (0.00 sec)
```

图9.16　已更新后的数据

（11）事务回滚。

mysql>rollback；

执行结果如图9.17所示。

```
mysql> rollback;
Query OK, 0 rows affected (0.10 sec)
```

图9.17　事务回滚成功

（12）再次查看发现数据已经回滚，如图9.18所示。

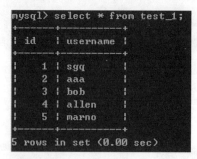

```
mysql> select * from test_1;
+------+----------+
| id   | username |
+------+----------+
|    1 | sgq      |
|    2 | aaa      |
|    3 | bob      |
|    4 | allen    |
|    5 | marno    |
+------+----------+
5 rows in set (0.00 sec)
```

图9.18　事务回滚成功后，数据恢复到更新前状态

事务没有提交，回滚后就恢复到之前的状态。

9.4.3 事务的隔离级别与并发问题

SQL 标准定义了四种隔离级别：read uncommitted（读取未提交的数据）、read committed（读取提交的数据）、repeatable read（可重复读）以及 serializable（串行化）。四种隔离级别逐渐增强，其中 read uncommitted 的隔离级别最低，serializable 的隔离级别最高。 MySQL 支持 4 种事务隔离级别，在 InnoDB 存储引擎中，可以使用以下命令设置事务的隔离级别。

1. read uncommitted（读取未提交的数据）

在该隔离级别中，所有事务都可以看到其他未提交事务的执行结果。该隔离级别很少用于实际应用，并且它的性能也不比其他隔离级别好多少。合理地设置事务的隔离级别，可以有效避免脏读、不可重复读、幻读等并发问题。可以使用以下语句设置：

mysql> SET GLOBAL TRANSACTION ISOLATION LEVEL READ UNCOMMITTED；

2. read committed（读取提交的数据）

这是大多数数据库系统默认的隔离级别（但不是 MySQL 默认的）。它满足了隔离的简单定义：一个事务只能看见已提交事务所做的改变。可以使用以下语句设置：

mysql> SET GLOBAL TRANSACTION ISOLATION LEVEL READ COMMITTED；

3. repeatable read（可重复读）

这是 MySQL 默认的事务隔离级别，它确保同一事务内相同的查询语句，执行结果一致。可以使用以下语句设置：

mysql> SET GLOBAL TRANSACTION ISOLATION LEVEL REPEATABLE READ；

4. serializable（串行化）

这是最高的隔离级别，它通过强制事务排序，使之不可能相互冲突。换言之，它会在每条 select 语句后自动加上 lock in share mode，为每个查询操作施加一个共享锁。在这个级别，可能导致大量的锁等待现象。该隔离级别主要用于 InnoDB 存储引擎的分布式事务。可以使用以下语句设置：

mysql> SET GLOBAL TRANSACTION ISOLATION LEVEL SERIALIZABLE；

低级别的事务隔离可以提高事务的并发访问性能，却可能导致较多的并发问题（例如脏读、不可重复读、幻读等并发问题）；高级别的事务隔离可以有效避免并发问题，但会降低事务的并发访问性能，可能导致出现大量的锁等待、甚至死锁现象。

脏读（Dirty Read）：一个事务可以读到另一个事务未提交的数据，脏读问题违背了事务的隔离性原则。

不可重复读（Non-repeatable read）：同一个事务内两条相同的查询语句，查询结果不一致。

幻读（Phantom Read）：同一个事务内，两条相同的查询语句，查询结果应该相同。但是，如果另一个事务同时提交了新数据，本事务再更新时，就会"惊奇的"发现了这些新数据，貌似之前读到的数据是"鬼影"一样的幻觉。

四种隔离级别的不同如表 9.1 所示。

表 9.1　四种隔离级别的区别

隔离级别 （从上到下依次增强）	脏读 （Dirty Read）	不可重复读 （Non-repeatable read）	幻读 （Phantom Read）
read uncommitted（读取未提交的数据）	√	√	√
read committed（读取提交的数据）	×	√	√
repeatable read（可重读）	×	×	√
serializable（串行化）	×	×	×

9.5　事务提交

1. 关闭 MySQL 自动提交

关闭自动提交的方法有两种：一种是显示地关闭自动提交，一种是隐式地关闭自动提交。

方法一：显示地关闭自动提交。

使用 MySQL 命令"set autocommit=0；"，可以显示地关闭 MySQL 自动提交。

方法二：隐式地关闭自动提交。

使用 MySQL 命令"start transaction；"可以隐式地关闭自动提交。隐式地关闭自动提交，不会修改系统会话变量@@autocommitte 的值。

推荐使用方法二。

2. 回滚

关闭 MySQL 自动提交后，数据库开发人员可以根据需要回滚（也叫撤销）更新操作。

3. 提交

MySQL 自动提交一旦关闭，数据库开发人员需要"提交"更新语句，才能将更新结果提交到数据库文件中，成为数据库永久的组成部分。自动提交关闭后，MySQL 的提交方式分为显示地提交与隐式地提交。

（1）显示地提交：MySQL 自动提交关闭后，使用 MySQL 命令"commit；"可以显示地提交更新语句。

（2）隐式地提交：MySQL 自动提交关闭后，使用下面的 MySQL 语句，可以隐式地提交更新语句。

① begin、set autocommit=1、start transaction、rename table、truncate table 等语句；

② 数据定义（create、alter、drop）语句，例如 create database、create table、create index、create function、create procedure、alter table、alter function、alter procedure、drop database、drop table、drop function、drop index、drop procedure 等语句；

③ 权限管理和账户管理语句：例如 grant、revoke、set password、create user、drop user、rename user 等语句）；锁语句（lock tables、unlock tables）。

使用 MySQL 命令"start transaction；"可以开启一个事务，该命令开启事务的同时，会隐式地关闭 MySQL 自动提交。使用 commit 命令可以提交事务中的更新语句；使用 rollback 命令可以回滚事务中的更新语句，如图 9.19 所示。

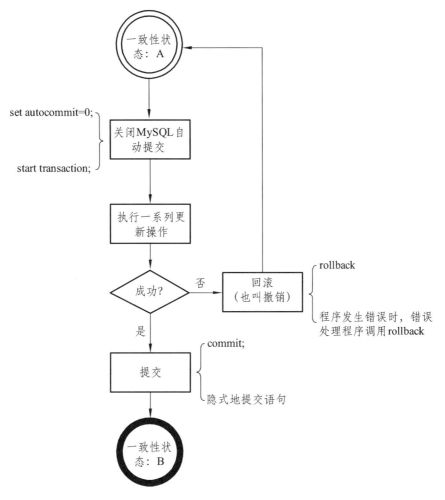

图 9.19　事务提交与回滚原理

4. 保存点

保存点（也称为检查点）可以实现事务的"部分"提交或者"部分"撤销。

使用 MySQL 命令"savepoint 保存点名;"可以在事务中设置一个保存点，使用 MySQL 命令"rollback to savepoint 保存点名;"可以将事务回滚到保存点状态。原理如图 9.20 所示。

说明："rollback to savepoint B"仅仅是让数据库回到事务中的某个"一致性状态 B"，而"一致性状态 B"仅仅是一个"临时状态"，该"临时状态"并没有将更新回滚，也没有将更新提交。事务回滚必须借助于 rollback（而不是"rollback to savepoint B"），事务的提交需借助于 commit。

使用 MySQL 命令"release savepoint 保存点名;"可以删除一个事务的保存点。

如果该保存点不存在，该命令将出现错误信息：ERROR 1305（42000）: SAVEPOINT does not exist。如果当前的事务中存在两个相同名字的保存点，旧保存点将被自动丢弃。

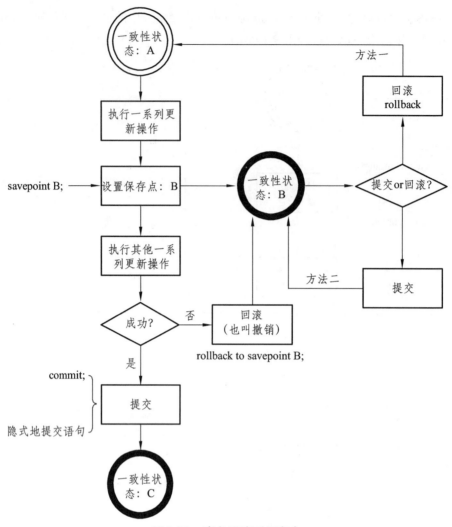

图 9.20　事务回滚到保存点

9.6　锁

同一时刻，多个并发用户同时访问同一个数据时，仅仅通过事务机制，无法保证多个用户同时访问同一个数据的数据一致性，有必要引入锁机制实现 MySQL 的并发访问，锁机制是实现多用户并发访问的基石。

9.6.1　锁机制的必要性

并发用户访问同一数据，锁机制可以避免数据不一致问题的发生。如图 9.21 所示。

9.6.2　MySQL 锁机制的基础知识

1. 锁的粒度

锁的粒度是指锁的作用范围。锁的粒度可以分为服务器级锁（server-level locking）和存储引擎级锁（storage-engine-level locking）。

MyISAM 存储引擎支持表锁。InnoDB 存储引擎支持表锁以及行级锁。

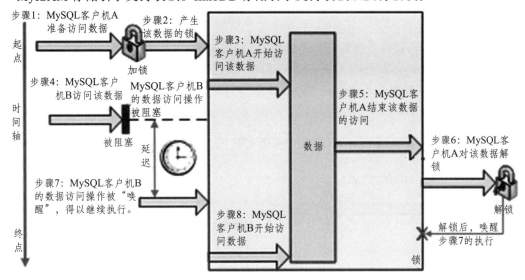

图 9.21 锁机制

2. 隐式锁与显式锁

MySQL 锁分为隐式锁和显式锁。MySQL 自动加锁称为隐式锁。数据库开发人员手动加锁称为显式锁。

3. 锁的类型

锁的类型包括读锁（read lock）和写锁（write lock），其中读锁也称为共享锁，写锁也称为排他锁或者独占锁。读锁允许其他 MySQL 客户机对数据同时读，但不允许其他 MySQL 客户机对数据任何写，如图 9.22 所示。

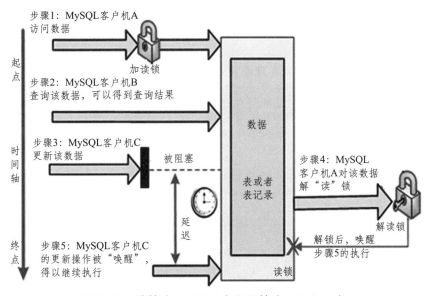

图 9.22 读锁（read lock）和写锁（write lock）

写锁不允许其他 MySQL 客户机对数据同时读，也不允许其他 MySQL 客户机对数据同时写，原理如图 9.23 所示。

4. 锁的钥匙

多个 MySQL 客户机并发访问同一个数据时，如果 MySQL 客户机 A 对该数据成功地施加了锁，那么只有 MySQL 客户机 A 拥有这把锁的"钥匙"，也就是说：只有 MySQL 客户机 A 能够对该锁进行解锁操作。

5. 锁的生命周期

锁的生命周期是指在同一个 MySQL 服务器连接内，对数据加锁到解锁之间的时间间隔。

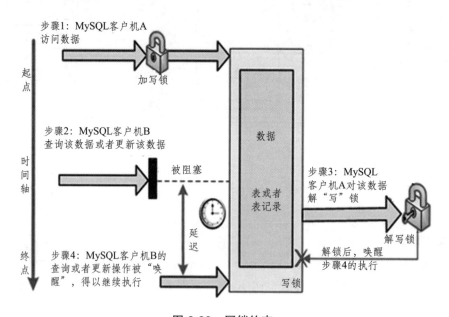

图 9.23 写锁约束

9.6.3 MyISAM 表的表级锁

任何针对 MyISAM 表的查询操作或者更新操作，都会隐式地施加表级锁，隐式锁的生命周期非常短暂，且不受数据库开发人员的控制。

有时需要延长表级锁的生命周期，MySQL 为数据库开发人员提供了显示地施加表级锁以及显示地解锁的 MySQL 命令，原理如图 9.24 所示。

注意事项：

➤ read 与 write 选项的功能在于施加表级读锁还是表级写锁。

➤ MySQL 客户机 A 使用 lock tables 命令可以同时为多个表施加表级锁（包括读锁或者写锁），并且加锁期间，MySQL 客户机 A 不能对"没有锁定的表"进行更新及查询操作，否则将抛出"表未被锁定"的错误信息。

➤ 如果需要为同一个表同时施加读锁与写锁，需要为该表起两个别名，以区分读锁与写锁。

➤ read local 与 read 选项之间的区别在于：如果 MySQL 客户机 A 使用 read 选项为某个 MyISAM 表施加读锁，加锁期间，MySQL 客户机 A 以及 MySQL 客户机 B 都不能对该表进行插入操作。如果 MySQL 客户机 A 使用 read local 选项为某个 MyISAM 表施加读锁，加锁期间，MySQL 客户机 B 可以对该表进行插入操作，前提是新记录必须插入到表的末尾。

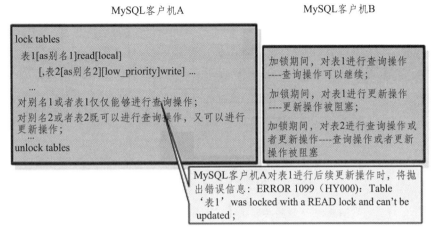

图 9.24 表级锁原理

9.6.4 InnoDB 表的行级锁

InnoDB 提供了两种类型的行级锁，分别是共享锁（S）和排他锁（X），其中共享锁也叫读锁，排他锁也叫写锁。

在查询（select）语句或者更新（insert、update 以及 delete）语句中，为受影响的记录施加行级锁的方法也非常简单。

方法 1：在查询（select）语句中，为符合查询条件的记录施加共享锁，语法格式如下：
select * from 表 where 条件语句 lock in share mode；

方法 2：在查询（select）语句中，为符合查询条件的记录施加排他锁，语法格式如下：
select * from 表 where 条件语句 for update；

方法 3：在更新（insert、update 以及 delete）语句中，InnoDB 存储引擎将符合更新条件的记录自动施加排他锁（隐式锁）。即 InnoDB 存储引擎自动地为更新语句影响的记录施加隐式排他锁。

9.6.5 InnoDB 表的意向锁

考虑如下场景：MySQL 客户机 A 获得了某个 InnoDB 表中若干条记录的行级锁，此时 MySQL 客户机 B 出于某种原因需要向该表显式地施加表级锁（使用 lock tables 命令即可），MySQL 客户机 B 为了获得该表的表级锁，需要逐行检测表中的行级锁是否与表级锁兼容，而这种检测需要耗费大量的服务器资源。

试想：如果 MySQL 客户机 A 获得该表若干条记录的行级锁之前，MySQL 客户机 A 直接向该表施加一个"表级锁"（这个表级锁是隐式的，也叫意向锁），MySQL 客户机 B 仅仅需要检测自己的表级锁与该意向锁是否兼容，无需逐行检测该表是否存在行级锁，就会节省不少服务器资源，如图 9.25 所示。

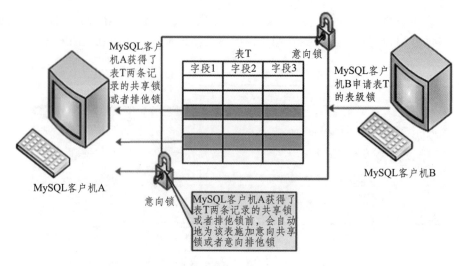

图 9.25　意向共享锁（IS）和意向排他锁（IX）

MySQL 提供了两种意向锁：意向共享锁（IS）和意向排他锁（IX）。

（1）意向共享锁（IS）：向 InnoDB 表的某些记录施加行级共享锁时，InnoDB 存储引擎会自动地向该表施加意向共享锁（IS）。也就是说：执行"select * from 表 where 条件语句 lock in share mode;"后，InnoDB 存储引擎在为表中符合条件语句的记录施加共享锁前，InnoDB 会自动地为该表施加意向共享锁（IS）。

（2）意向排他锁（IX）：向 InnoDB 表的某些记录施加行级排他锁时，InnoDB 存储引擎会自动地向该表施加意向排他锁（IX）。也就是说：执行更新语句（例如 insert、update 或者 delete 语句）或者"select * from 表 where 条件语句 for update;"，InnoDB 存储引擎在为表中符合条件语句的记录施加排他锁前，InnoDB 会自动地为该表施加意向排他锁（IX）。

9.6.6　InnoDB 行级锁与索引之间的关系

InnoDB 表的行级锁是通过对"索引"施加锁的方式实现的这就意味着只有通过索引字段检索数据的查询语句或者更新语句，才可能施加行级锁；否则 InnoDB 将使用表级锁，使用表级锁势必会降低 InnoDB 表的并发访问性能。

9.6.7　使用间隙锁避免幻读现象

MySQL 默认的事务隔离级别为 repeatable read，保持事务的隔离级别 repeatable read 不变，利用间隙锁的特点，对查询结果集施加共享锁（lock in share mode）或者排他锁（for update），同样可以避免幻读现象，同时也不至于降低 MySQL 的并发访问性能。

9.6.8　死锁与锁等待

默认情况下，InnoDB 存储引擎一旦出现锁等待超时异常，InnoDB 存储引擎既不会提交事务，也不会回滚事务，这是十分危险的。一旦发生锁等待超时异常，应用程序应该自定义错误处理程序，由程序开发人员选择进一步提交事务，还是回滚事务。

9.7 小 结

本章首先让读者了解什么是游标和事务，事务具备的 4 种特性。然后介绍了如何使用游标、事务的控制语句，通过事务的控制语句可以控制事务的开启、提交或者进行事务回滚等操作。事务的隔离级别介绍了数据库事务在各种级别下的表现，因为隔离级别不同会导致脏读或者不可重复读等问题，最后介绍了 InnoDB 锁机制，锁机制是事务实现不同隔离级别所必需的。

通过本章的学习，读者不仅能了解什么是游标，什么是事务，并可以将游标和事务应用在实际开发过程中。

第10章 用户、密码、权限及数据的备份与还原

在 MySQL 软件中通常包含许多重要的数据,为了确保这些数据的安全性和完整性,MySQL 软件专门提供了一套完整的安全性机制,即通过给 MySQL 用户赋予适当的权限来提高数据的安全性。

MySQL 软件中主要包括两种用户:root 用户和普通用户,其中前者为超级管理员,拥有 MySQL 软件提供的一切权限;而普通用户则只能拥有创建用户时赋予它的权限。在任何数据库环境中,计算机系统的各种软硬件出故障、人为破坏及用户误操作等是不可避免的,这些可能导致数据丢失、服务器瘫痪等严重后果。为了有效防止数据丢失,并将损失降到最低,用户定期对数据库服务器做维护。数据库维护包括数据备份、还原、导出和导入操作。

通过本章学习,读者可以掌握以下知识:

- 权限机制。
- 用户机制。
- 对用户进行权限管理。
- 数据的备份和还原。
- 数据的导入与导出。

10.1 用户、密码、权限

10.1.1 MySQL 修改用户密码的方法

修改用户密码的常用方法如下:

方法一:在 cmd 命令窗口中,用 mysqladmin 命令修改用户密码。

第一步,打开命令行 cmd。

第二步,在命令行中切换到 mysql 安装的目录下的 bin 文件夹下。本例以 cd C:\Program Files\MySQL\MySQL Server 5.6\bin。

第三步,按 mysqladmin -u 用户名 -p 旧密码 password 新密码。如:C:\Program Files\MySQL\MySQL Server 5.6\bin>mysqladmin -u root -p 123456 password 123

或使用 mysqladmin 执行命令:

mysqladmin -u root -p password 新密码,也可以修改用户密码。

执行结果如图 10.1 所示。

```
C:\Users\sgq>mysqladmin -u root -p password 12345678
Enter password: ******
mysqladmin: [Warning] Using a password on the command line interface can be inse
cure.
Warning: Since password will be sent to server in plain text, use ssl connection
 to ensure password safety.
```

图 10.1 用 mysqladmin 命令修改 root 用户密码

方法二：用 update 命令更新系统表 mysql.user 数据记录修改 root 用户密码。

第一步，登录到 sql 命令行。

第二步，使用 sql 语句修改 root 密码，具体操作如下：

mysql>use mysql;

mysql>update mysql.user set password=(123456) where user='root';

或更准确地写为：

Update user set password=password("newpassword") where user ="root" and host="localhost";

退出 MYSQL 后，再次登录 MYSQL，测试执行结果如图 10.2 所示。

```
C:\Users\sgq>mysql -u root -p
Enter password: ********
Welcome to the MySQL monitor.  Commands end with ; or \g.
Your MySQL connection id is 5
Server version: 5.7.17-log MySQL Community Server (GPL)

Copyright (c) 2000, 2016, Oracle and/or its affiliates. All rights reserved.

Oracle is a registered trademark of Oracle Corporation and/or its
affiliates. Other names may be trademarks of their respective
owners.

Type 'help;' or '\h' for help. Type '\c' to clear the current input statement.
```

图 10.2　登录测试更新系统表 mysql.user 数据记录修改 root 用户密码

方法三：通过 root 用户账户登录到 mysql 后，可以通过 set 命令修改 root 用户账户密码。

SET PASSWORD=PASSWORD("ROOTPWD")

注意：新密码必须用 PASSWORD 函数加密。

使用 root 用户登录到 mysql 之后执行下面语句：

SET password=password('123456')

Set password=password("");

执行结果如图 10.3 所示。

```
mysql> set password=password("12345678");
Query OK, 0 rows affected, 1 warning (0.06 sec)
```

图 10.3　用 set 命令修改 root 用户账户密码

执行之后需要使用执行 flush privileges 语句或者重启 MYSQL 重新加载用户权限。

Flush privileges;

执行结果如图 10.4 所示。

```
mysql> Flush privileges;
Query OK, 0 rows affected (0.03 sec)
```

图 10.4　flush privileges 语句重新加载用户权限

也可重新登录验证。

说明：mysql 命令的常用参数：

-h：主机名或 ip，默认是 localhost，最好指定-h 参数。

-u：用户名。

-p：密码，注意：该参数后面的字符串和-p不能有空格。

-P：端口号，默认为3306。

数据库名：可以在命令最后指定数据库名。

-e：执行SQL语句，如果指定该参数，将在登录后执行-e后面的命令或sql语句并退出。如图10.5所示。

```
C:\Users\sgq>mysql -h localhost -u root -p studentstore -e "select *  from stud
ent";
Enter password: ********
+--------+---------+---------------------+------+------+
| xh     | stname  | csrq                | dep  | cj   |
+--------+---------+---------------------+------+------+
| 001011 | sgq     | 1978-09-11 00:00:00 | 信工 |   89 |
| 001102 | asc     | 1987-06-09 00:00:00 | 社工 |   75 |
| 001103 | ghj     | 1983-07-02 00:00:00 | 人文 |   72 |
| 001104 | bvf     | 1985-09-18 00:00:00 | 工商 |   68 |
| 001105 | hyui    | 1986-06-06 00:00:00 | 电子 |   52 |
+--------+---------+---------------------+------+------+
```

图 10.5 mysql 命令的常用参数执行情况

出现提示并输入旧密码完成密码修改，当旧密码为空时直接按回车键确认即可。

退出：EXIT 或 QUIT 或\q，如图10.6所示。

```
mysql> \q
Bye

C:\Users\sgq>
```

图 10.6 退出

命令执行完之后返回book表的结构，查询返回之后会自动退出MYSQL。

10.1.2 创建用户

创建用户有三种方法：

方法一：使用create user命令。

命令格式：

CREATE USER 用户名1 IDENTIFIED BY '密码'，用户名2 IDENTIFIED BY '密码'

【例10.1】新建普通用户sgq，密码为：mypass，新用户shiyanb,密码为12345678。

命令语句：

Mysql>CREATE USER 'sgq' identified BY 'mypass', 'shiyanb' identified BY '12345678';

执行结果如图10.7所示。

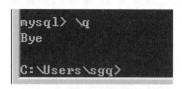

```
mysql> create user 'sgq' identified by  'mypass','shiyanb' identified by '123456
78';
Query OK, 0 rows affected (0.03 sec)
```

图 10.7 新建普通用户

说明：用户名部分为'sgq'和'shiyanb'，用户名的单引号可以省，但密码的单引号一定不能省，执行结果如图10.8所示。

```
mysql> create user sgq1 identified by 'mypass123';
Query OK, 0 rows affected (0.00 sec)
```

图 10.8　执行结果

方法二：使用 GRANT 语句创建新用户。

GRANT USER 语句可以用来创建账户，通过该语句可以在 user 表中添加一条新记录，比起 CREATE USER 语句创建的新用户，还需要使用 GRANT 语句赋予用户权限，使用 GRANT 语句创建新用户时必须有 GRANT 权限。语法如下：

GRANT priv_type [（column_list）] [，priv_type [（column_list）]] ...

　　ON [object_type] {tbl_name | * | *.* | db_name.*}

　　TO user [IDENTIFIED BY [PASSWORD] 'password']

Select　host，user，authentication_string，ssl_cipher from mysql.user

【例 10.2】使用 GRANT 语句创建一个新用户 testUser，密码为 testpwd，并授予用户对所有数据表的 SELECT 和 UPDATE 权限。

命令语句：

GRANT SELECT，UPDATE　ON　*.*　TO 'testUser'@'localhost' identified BY 'testpwd';

执行结果如图 10.9 所示。

```
mysql> GRANT SELECT ,UPDATE  ON  *.* TO 'testUser'@'localhost' identified BY 't
estpwd';
Query OK, 0 rows affected, 1 warning (0.02 sec)
```

图 10.9　使用 GRANT 语句赋予用户权限

也可以使用如下方法：

GRANT SELECT，UPDATE　ON　*.*　TO 'testUser1'　identified BY 'testpwd';

执行结果如图 10.10 所示。

```
mysql> GRANT SELECT ,UPDATE  ON  *.* TO 'testUser1'  identified BY 'testpwd';
Query OK, 0 rows affected, 1 warning (0.00 sec)
```

图 10.10　使用 GRANT 语句赋予用户权限

执行结果显示执行成功后，使用 SELECT 语句查询用户 testUser 的权限，命令语句：

SELECT　'Host','User','Select_priv','Update_priv' FROM　mysql.user　WHERE　'User'='testUser';

执行结果如图 10.11 所示。

```
mysql> SELECT 'Host','User','Select_priv','Update_priv'  FROM mysql.user WHER
E 'User' ='testUser';
+-----------+----------+-------------+-------------+
| Host      | User     | Select_priv | Update_priv |
+-----------+----------+-------------+-------------+
| localhost | testUser | Y           | Y           |
+-----------+----------+-------------+-------------+
1 row in set (0.03 sec)
```

图 10.11　查看用户的权限

也可取消单引号查询，命令语句：

Select host，user，select_priv，update_priv from mysql.user where user='testUser';

注意单引号。执行结果如图 10.12 所示。

```
mysql> Select host,user,select_priv,update_priv from mysql.user where user='test
User';
+-----------+----------+-------------+-------------+
| host      | user     | select_priv | update_priv |
+-----------+----------+-------------+-------------+
| localhost | testUser | Y           | Y           |
+-----------+----------+-------------+-------------+
1 row in set (0.00 sec)
```

图 10.12　取消单引号查看用户的权限

查询结果显示 SELECT 和 UPDATE 权限字段均为 Y。

注意：User 表中的 user 和 host 字段区分大小写，在查询的时候要指定正确的用户名或主机名。

方法三：直接操作 MYSQL 用户表。

不管是 CREATE USER 还是 GRANT USER，在创建用户时，实际上都是在 user 表中添加一条新记录。

使用 INSERT 语句向 mysql.user 表 INSERT 一条记录来创建一个新用户，插入的时候必须要有 INSERT 权限，如下：

INSERT INTO mysql.user（host，user，password，[privilegelist]）

VALUES（'host'，'username'，password（'password'），privilegevaluelist）

【例 10.3】使用 INSERT 创建一个新用户，其用户名称为 customer1，主机名为 localhost，密码为 customer1。

命令语句：

INSERT INTO mysql.user（host，user，authentication_string）

VALUES（'localhost'，'customer1'，password（'customer1'））;

执行结果如图 10.13 所示。

```
mysql> INSERT INTO mysql.user(host,user, authentication_string)
    -> VALUES ('localhost','customer1',password('customer1'))
    -> ;
ERROR 1364 (HY000): Field 'ssl_cipher' doesn't have a default value
```

图 10.13　使用 INSERT 语句向 mysql.user 表创建一个新用户

语句执行失败，查看警告信息如下：

show WARNINGS;

执行结果如图 10.14 所示。

```
mysql> show WARNINGS ;
+---------+------+--------------------------------------------------------------
------+
| Level   | Code | Message
      |
+---------+------+--------------------------------------------------------------
------+
| Warning | 1681 | 'PASSWORD' is deprecated and will be removed in a future rel
ase. |
| Error   | 1364 | Field 'ssl_cipher' doesn't have a default value
      |
| Error   | 1364 | Field 'x509_issuer' doesn't have a default value
      |
| Error   | 1364 | Field 'x509_subject' doesn't have a default value
      |
+---------+------+--------------------------------------------------------------
------+
4 rows in set (0.01 sec)
```

图 10.14　警告信息

出现警告的原因是 ssl_cipher 这个字段在 user 表中没有定义默认值，所以在这里提示错误信息。影响 insert 语句的执行，使用 SELECT 语句查看 user 表中的记录：

注意：使用 GRANT 语句和 MYSQLADMIN 设置密码，它们均会加密密码，这种情况下，不需要使用 PASSWORD（ ）函数。

Select host，user，authentication_string，ssl_cipher from mysql.user;

执行结果如图 10.15 所示。

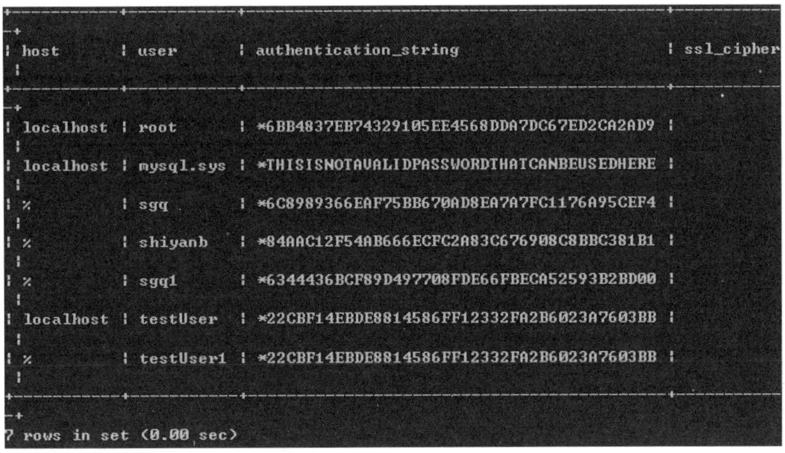

host	user	authentication_string	ssl_cipher
localhost	root	*6BB4837EB74329105EE4568DDA7DC67ED2CA2AD9	
localhost	mysql.sys	*THISISNOTAVALIDPASSWORDTHATCANBEUSEDHERE	
%	sgq	*6C8989366EAF75BB670AD8EA7A7FC1176A95CEF4	
%	shiyanb	*84AAC12F54AB666ECFC2A83C676908C8BBC381B1	
%	sgq1	*6344436BCF89D497708FDE66FBECA52593B2BD00	
localhost	testUser	*22CBF14EBDE8814586FF12332FA2B6023A7603BB	
%	testUser1	*22CBF14EBDE8814586FF12332FA2B6023A7603BB	

7 rows in set (0.00 sec)

图 10.15　查询 mysql.user 表

查询 mysql.user 表中所有列，如图 10.16 所示。

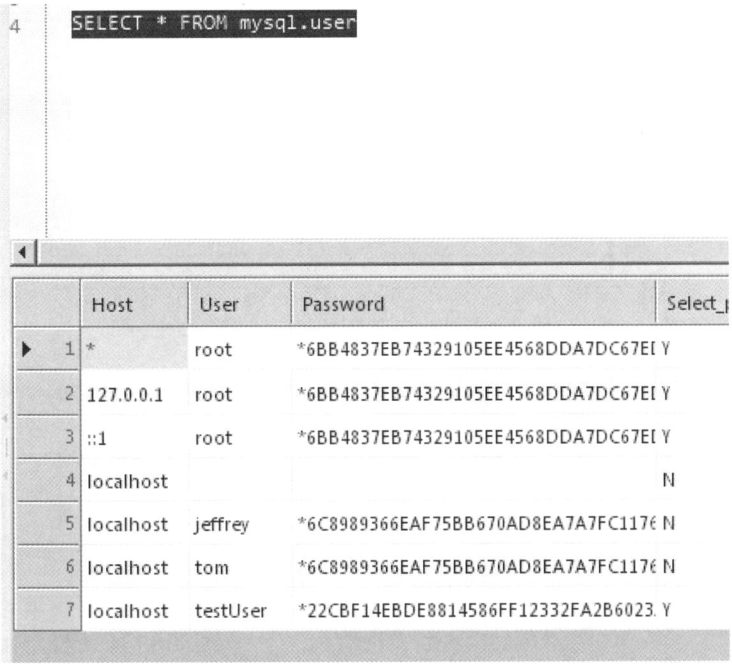

```
4    SELECT * FROM mysql.user
```

	Host	User	Password	Select_
1	*	root	*6BB4837EB74329105EE4568DDA7DC67EI	Y
2	127.0.0.1	root	*6BB4837EB74329105EE4568DDA7DC67EI	Y
3	::1	root	*6BB4837EB74329105EE4568DDA7DC67EI	Y
4	localhost			N
5	localhost	jeffrey	*6C8989366EAF75BB670AD8EA7A7FC117	N
6	localhost	tom	*6C8989366EAF75BB670AD8EA7A7FC117	N
7	localhost	testUser	*22CBF14EBDE8814586FF12332FA2B6023.	Y

图 10.16　mysql.user 表的值

可以看到,【例 10.3】的插入操作失败。

注意：使用 GRANT 语句和 MYSQLADMIN 设置密码，他们均会加密密码，这种情况下，不需要使用 PASSWORD()函数。

10.1.3　删除普通用户

1. 使用 DROP USER 语句删除用户

使用 DROP USER 语句删除用户，也可以直接通过 DELETE 从 mysql.user 表中删除对应的记录来删除用户。

DROP USER 语句用于删除一个或多个 MYSQL 账户。要使用 DROP USER，必须拥有 MYSQL 数据库的权限：CREATE USER 权限或 DELETE 权限。

【例 10.4】使用 DROP USER 语句，删除 sgq1 这个用户。

命令语句：

Drop user sgq1;

执行结果如图 10.17 所示。

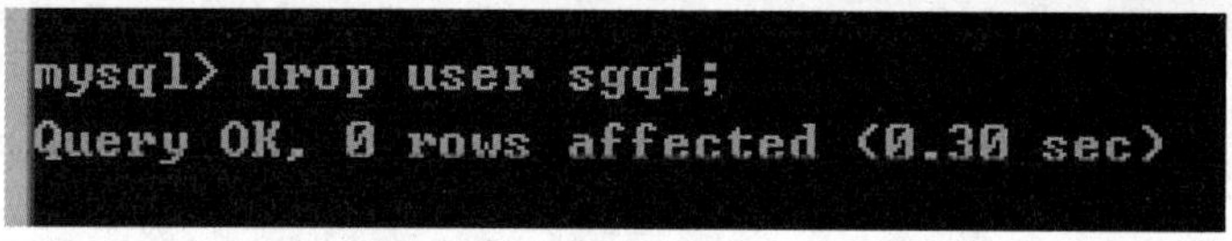

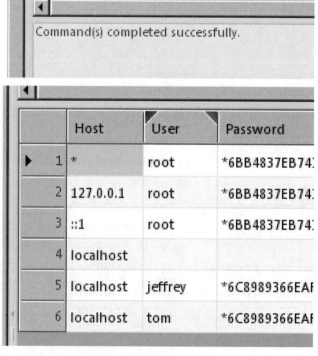

图 10.17　删除用户 sgq1

删除 testUser 用户，语法如下：

DROP user 'testUser'@'localhost';

执行结果如图 10.18 所示。

	Host	User	Password
1	*	root	*6BB4837EB74
2	127.0.0.1	root	*6BB4837EB74
3	::1	root	*6BB4837EB74
4	localhost		
5	localhost	jeffrey	*6C8989366EAI
6	localhost	tom	*6C8989366EAI

图 10.18　删除用户 testUser

可以发现 testUser 这个用户已经删除了。

2. 使用 delete 语句删除用户

命令格式：

DELETE FROM 表名 WHERE `Host`='主机名' and `User`='用户名'；

如：DELETE FROM mysql.user WHERE `Host`='localhost' and `User`='testUser'；

执行后，则删除本机上的用户'testUser'。

3. 查看 MYSQL 里面匿名用户

如果有匿名用户，那么客户端就可以不用密码登录 MYSQL 数据库，这样就会存在安全隐患。

检查匿名用户的方法：

SELECT * FROM mysql.user WHERE `User`='';

执行结果如图 10.19 所示。

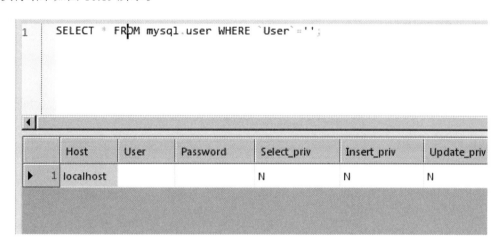

图 10.19　查询 user 表中 user 为空的记录

10.1.4　查看权限

SHOW GRANT 语句可以显示用户的权限信息，语法如下：

show grants FOR 'user'@'host'；

【例 10.5】使用 SHOW GRANT 语句查询用户 grantUser 的权限信息。

show grants FOR 'grantUser'@'localhost'；

执行结果如图 10.20 所示。

返回结果显示了 user 表中的账户信息，显示 GRANT SELECT ON 关键字开头，表示用户被授予了 SELECT 权限。*.*表示 SELECT 权限作用于所有数据库的所有数据表。IDENTIFIED BY 后面为用户加密后的密码。

在这里，只是定义了个别的用户权限，GRANT 可以显示更加详细的权限信息，包括全局级的和非全局级的权限。如果表层级或者列层级的权限被授予用户的话，它们也能在结果中显示出来。

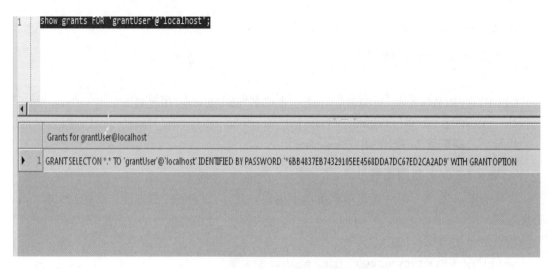

图 10.20　查询用户 grantUser 的权限信息

10.1.5　收回权限

收回权限就是取消已经赋予用户的某些权限。收回用户不必要的权限可以在一定程度上保证系统的安全性。

使用 REVOKE 收回权限之后，用户账户的记录将从 db、host、tables_priv、columns_priv 表中删除，但是用户账号记录依然在 user 表中保存。

收回权限语法如下：

REVOKE priv_type [（column_list）] [，priv_type [（column_list）]] ...

ON [object_type] {tbl_name | * | *.* | db_name.*}

FROM user [，user] ...

REVOKE ALL PRIVILEGES，GRANT OPTION FROM user [，user] ...

使用 REVOKE 语句，必须拥有 mysql 数据库的全局 CREATE 权限或 UPDATE 权限。

【例 10.6】使用 REVOKE 语句取消用户 testUser 的 update 权限。

REVOKE　UPDATE　ON *.* FROM 'testUser'@'localhost';

执行结果如图 10.21 所示。

```
mysql> REVOKE  UPDATE  ON *.* FROM 'testUser'@'localhost';
Query OK, 0 rows affected (0.00 sec)
```

图 10.21　取消用户 testUser 的 update 权限

再查看 testUser 用户的权限：

SELECT Host，User，Select_priv，Update_priv　FROM mysql.user

WHERE User ='testUser';

执行结果如图 10.22 所示。

可以看到 testUser 用户的 update 权限已经被收回了。

注意：当从旧版本的 MYSQL 升级时，如果要使用 EXECUTE、CREATE VIEW、SHOW

VIEW、CREATE USER、CREATE ROUTINE、ALTER ROUTINE 权限，必须先升级授权表。

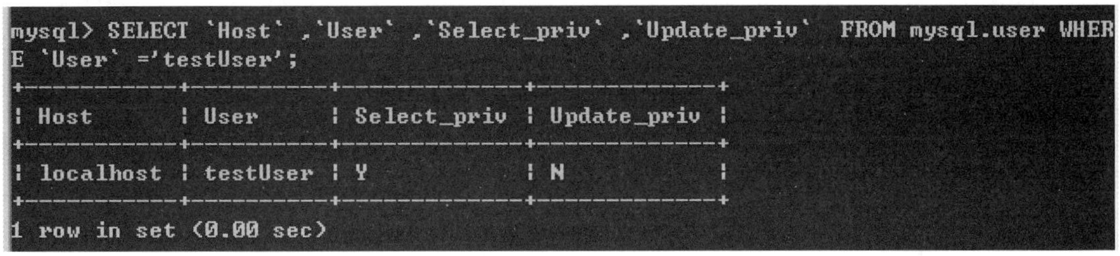

图 10.22   查看 testUser 用户的权限

10.2   备份和恢复

10.2.1   MySQL 数据库备份和恢复步骤

步骤 1：准备工作。

方法一：停止 MySQL 服务。

方法二：使用 MySQL 命令"flush tables with read lock;"将服务器内存中的数据"刷新"到数据库文件中，同时锁定所有表，以保证备份期间不会有新的数据写入。

步骤 2：备份文件的选取。

如果数据库中全部是 MyISAM 存储引擎的表，最为简单的数据库备份方法就是直接"备份"整个数据库目录。

如果某个数据库中还存在 InnoDB 存储引擎的表，此时不仅需要"备份"整个数据库目录，还需要备份 ibdata1 表空间文件以及重做日志文件 ib_logfile0 与 ib_logfile1。

数据库备份时，建议将 MySQL 配置文件（例如 my.cnf 配置文件）一并进行备份。

步骤 3：数据库恢复。

首先停止 MySQL 服务；然后将整个数据库目录、MySQL 配置文件（例如 my.cnf 配置文件）、ibdata1 共享表空间文件以及重做日志文件 ib_logfile0 与 ib_logfile1 复制到新 MySQL 服务器对应的路径，即可恢复数据库中的数据。

10.2.2   逻辑备份与逻辑还原

1. 逻辑备份

使用 MYSQLDUMP 命令备份，语法如下：

mysqldump –u root –p 库名>路径\文件名.sql

mysqldump -u user -p pwd -h host dbname[tbname，[tbname...]]>filename.sql

【例 10.7】利用 mysqldump 命令，将当前库 school 备份到 c 盘根目录下。

打开 cmd，然后执行下面的命令：

mysqldump –u root –h 127.0.0.1 –p school >c：\ school_2014-7-10.sql；执行结果如图 10.23
所示。

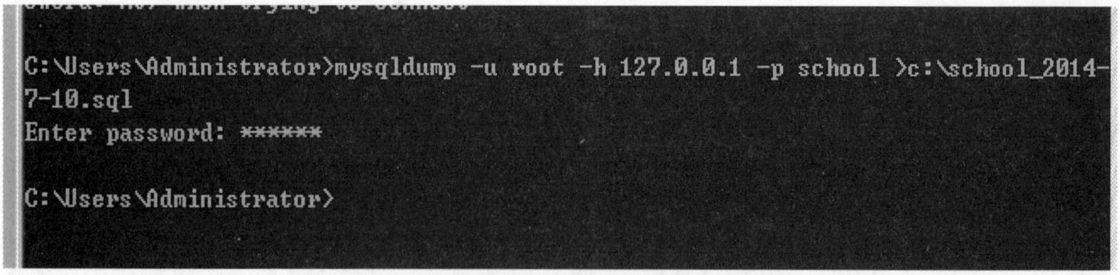

```
C:\Users\Administrator>mysqldump -u root -h 127.0.0.1 -p school >c:\school_2014-
7-10.sql
Enter password: ******

C:\Users\Administrator>
```

图 10.23　文件备份

可以看到 C 盘下面已经生成了 school_2014-7-10.sql 文件，如图 10.24 所示。

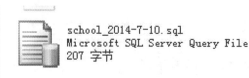

school_2014-7-10.sql
Microsoft SQL Server Query File
207 字节

图 10.24　备份生成的文件

2. 使用 mysqldump 备份数据库中的某个表

【例 10.8】备份 school 数据库里面的 book 表。

mysqldump –u root –h 127.0.0.1 –p school book>c：\ book_2014-7-10.sql；执行结果如图 10.25 所示。

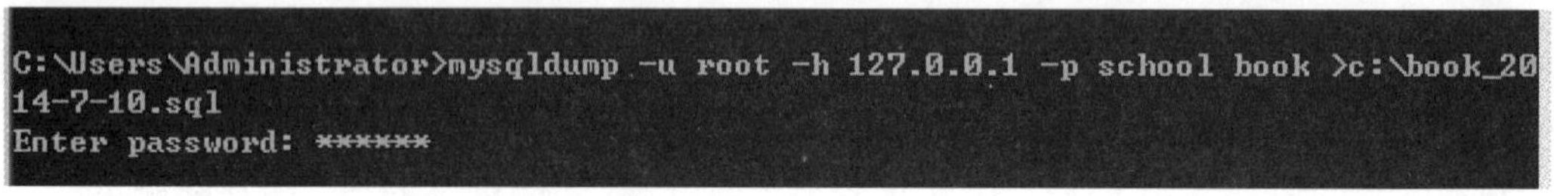

```
C:\Users\Administrator>mysqldump -u root -h 127.0.0.1 -p school book >c:\book_20
14-7-10.sql
Enter password: ******
```

图 10.25　备份 school 数据库里面的 book 表

3. 使用 mysqldump 备份多个数据库

如果要使用 mysqldump 备份多个数据库，需要使用--databases 参数。

使用--databases 参数之后，必须指定至少一个数据库的名称，多个数据库名称之间用空格隔开。

【例 10.9】使用 mysqldump 备份 school 库和 test 库。

mysqldump –u root –h 127.0.0.1 –p –database school test>c：\ test_school_2014-7-10.sql；执行结果如图 10.26 所示 。

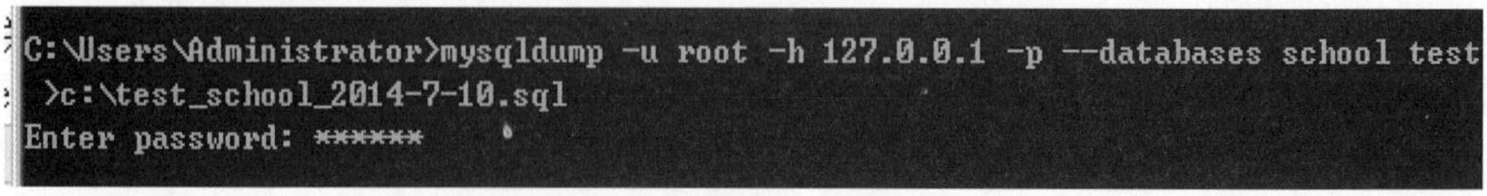

```
C:\Users\Administrator>mysqldump -u root -h 127.0.0.1 -p --databases school test
 >c:\test_school_2014-7-10.sql
Enter password: ******
```

图 10.26　备份 school 库和 test 库

备份文件里的内容，基本上跟备份单个数据库一样，但是指明了里面的内容那一部分属于 test 库，哪一部分属于 school 库。

4. 使用--all-databases 参数备份系统中所有的数据库

使用--all-databases 不需要指定数据库名称，语法如下：

mysqldump –u root –h 127.0.0.1 –p –all-database school test>c：\all_2014-7-10.sql；执行结果如图 10.27 所示 。

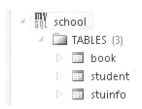

图 10.27 数据备份系统中所有的数据库

执行完毕之后会产生 all_2014-7-10.sql 的备份文件，里面会包含了所有数据库的备份信息。

提示：如果在服务器上进行备份，并且表均为 myisam，应考虑使用 mysqlhotcopy，因为可以更快地进行备份和恢复。使用 mysqlhotcopy，如果是 Windows 操作系统，需要先安装 perl 脚本组件才能使用，因为 mysqlhotcopy 是使用 perl 来编写的。

5. 逻辑还原

使用 mysql 命令进行还原。对于已经备份的包含 CREATE、INSERT 语句的文本文件，可以使用 mysql 命令导入数据库中。备份的 sql 文件中包含 CREATE、INSERT 语句（有时也会有 DROP 语句），mysql 命令可以直接执行文件中的这些语句，其语法如下：

先建一个数据库，再用命令：

Mysql –u root –p 数据库名<路径/文件名.sql；

user 是执行 backup.sql 中语句的用户名；-p 表示输入用户密码；dbname 是数据库名。

如果 filename.sql 文件为 mysqldump 工具创建的包含创建数据库语句的文件，执行的时候不需要指定数据库名。

【例 10.10】用 mysql 命令将 school_2014-7-10.sql 文件中的备份导入到数据库中。

语法如下：

mysql -u root -h 127.0.0.1 -p school<c：\school_2014-7-10.sql；

在执行语句之前必须建好 school 数据库，如果不存在，恢复过程将会出错。

可以看到表数据都已经导入到数据库了，如图 10.28 所示。

    school
        TABLES (3)
            book
            student
            stuinfo

图 10.28 还原结果

如果已经登录 mysql，那么可以使用 source 命令导入备份文件。使用 source 命令导入备份文件 school_2014-7-10.sql，语法如下：

source c：\school_2014-7-10.sql；执行结果如图 10.29 所示。

```
mysql> use school;
Database changed
mysql> source c:\school_2014-7-10.sql_
```

图 10.29 使用 source 命令导入备份文件

执行 source 命令前必须使用 use 语句选择好数据库，不然会出现 ERROR 1046（3D000）：NO DATABASE SELECTED 的错误。

还有一点要注意的是只能在 cmd 界面下执行 source 命令，不能在 mysql 工具里面执行 source 命令，否则会报错。因为 cmd 是直接调用 mysql.exe 来执行命令的。

10.3 小 结

本章首先介绍了用户密码的设定、修改，同时介绍了数据库的用户管理，分别从数据库用户管理与用户权限的设置，以及对不同用户分配不同权限，收回权限多方面进行阐述。接着对数据库的备份和还原进行了了介绍，详细阐述了数据库备份与还原的方法和步骤，并通过实例进行分析。

通过对本章的学习，读者不仅能够维护 MySQL 数据库，而且还会对如何提高数据库性能有一定的了解。

参考文献

[1] 崔洋，贺亚茹. MySQL 数据库应用从入门到精通[M]. 3 版. 北京：中国铁道出版社，2016.

[2] 李辉. 数据库技术与应用（MySQL 版）[M]. 北京：清华大学出版社，2016.

[3] 郑阿奇. MySQL 实用教程[M]. 2 版. 北京：电子工业出版社，2014.

[4] 王飞飞，崔洋，贺亚茹. MySQL 数据库应用从入门到精通[M]. 3 版. 北京：中国铁道出版社，2016.

[5] 夏辉，白萍，李晋. MySQL 数据库基础与实践[M]. 北京：机械工业出版社，2017.

[6] Paul DuBois. MySQL 技术内幕[M]. 5 版. 北京：清华大学出版社，2016.

[7] 李波. MySQL 从入门到精通[M]. 北京：清华大学出版社，2015.